売れるネットショップの新常識、
ECの達人が教えます

楽天市場
最強攻略
ガイド

清水将平　竹内謙礼

技術評論社

はじめに

「楽天市場に出店したいけど、売れるかどうか不安だ」
「楽天市場にお店を出したけど、思うように売れない」
「何年も楽天市場に出店しているけど、売上が少しずつ落ちている」

　そんな悩みを抱えるすべての人に「この本を読んで売上が伸びた！」と実感してもらえることを目的として、この本を執筆した。

　私、竹内謙礼は、楽天市場でネットショップを運営し、2002年と2003年に優秀な店舗に与えられる「楽天ショップ・オブ・ザ・イヤー」を2年連続で受賞した。その経験を生かして、2004年にネットショップのコンサルタントとして独立。しかし、楽天市場を始めとしたEコマース業界は目まぐるしいスピードで変化し、閲覧するデバイスはPCからスマホに、情報発信はメルマガからSNSへと形態を大きく変えて、自分の成功体験談はすぐに通用しなくなった。

　楽天市場が独り勝ちをしていたネット通販の市場も、AmazonやYahoo!ショッピングが台頭し、最近では海外の通販サイトとも競争しなくてはいけなくなった。気がつけば、楽天市場は「数多くあるEコマースの1つ」にすぎず、私自身もネット通販のノウハウだけでは対応しきれなくなり、次第に楽天市場のコンサルティングの現場から距離を置くようになっていった。

　そんな時、「楽天市場のノウハウなら彼がダントツだよ」と知人から紹介されたのが、清水将平氏だった。元楽天の社員という肩書だったので、「多少はEコマースにくわしいだろう」という程度で彼の話を聞きに行った。しかし、その期待は良いほうに裏切られる。桁違いの情報量とノウハウの深さに圧倒されてしまったのだ。

「楽天市場の店舗数を、今の5万店舗から、10万店舗に増やしたい」

　荒唐無稽な提案を清水氏から受けたのは、2024年に入ってからである。

　清水氏が運営する楽天市場の会員制サービス「ECマスターズクラブ」は、すでに2,600社以上加盟しており、楽天市場のノウハウを保有する国内最大級のネットショップ支援企業へと成長していた。

「楽天市場の店舗数を増やす」というのは楽天の仕事であって、それを支援する清水氏の会社とは無関係なことである。しかし、清水氏は「ネットショップも楽天も一緒に成長しなくてはいけないフェーズに突入している」と力説する。

「マーケティングやセールスのノウハウをしっかり教えることができれば、楽天市場に出店する人がさらに増えて、Eコマース業界全体が活性化する。そのノウハウを提供するのは、楽天市場だけではなく、僕ら外部の人たちも一緒に支援していかなければいけない」

　ネットショップ運営の目的は売上を伸ばすことであり、その売上を伸ばすノウハウを提供することが、私を含めた外部のコンサルタント事業者の役目である。しかし、自分のクライアントの売上だけを伸ばしているだけでは、Eコマース業界は活性化しない。ノウハウを知らず、広告費だけを投資して、「儲からないじゃないか」とネットショップの事業から撤退する店舗が増えれば、自分たちのお客を減らすことになる。

　楽天は楽天市場のことだけを考えて、ネットショップは自分たちの店舗のことだけを考えるような分担方式では、やがてEコマース市場は衰退していってしまう。

　最近の楽天市場の置かれている環境は、恵まれているとは言い難い。楽天モバイルへの先行投資、急成長するAmazon、巣ごもり消費の反動や送料の高騰など、ネガティブな情報のほうが先走りしている。

　しかし、店舗数が倍に増えれば、楽天市場で買い物をするユーザーが急増

する。そうすれば、楽天モバイルの利用者が増えて、楽天のキャッシュフローも回復、スケールメリットが生まれて、楽天市場が展開する物流サービスの送料が下がる可能性もある。消費者にも店舗にも活気が生まれて、日本経済も元気になる。

　清水氏と私の2人で持っている知識と情報を総動員して、ネットショップ運営の攻略本を執筆すれば、楽天市場の店舗を倍に増やせるのではないか。そんな思いで、共著で本書を出版するプロジェクトが立ち上がった。

　元楽天社員の清水氏と、楽天市場でネットショップを運営した私としては、楽天市場に「恩を返したい」という思いも強い。現在、自分たちがEコマースの最前線で、大手コンサルタント会社と互角に渡り合えるのは、楽天市場で学んだネットショップ運営の知識とノウハウのおかげであることはまちがいない。そんな自分たちが、今度は楽天市場を助ける番だと勝手に思ってしまうのは、純粋に楽天に対しての感謝の気持ちの表れと言ってもいいだろう。

　本書の構成はいたってシンプルである。

　第1章では、楽天市場に出店する際の基本情報についてまとめている。既存のベテラン出店者でも、売上が伸びない要因になっている可能性もあるので、再確認としてチェックすることをおすすめする。

　第2章では、「お金をかけなくても売上が伸びるネットショップを作る」という狙いのもと、店舗の基礎体力を鍛える方法を解説している。商品のカテゴリ、ジャンル、サブジャンルの登録方法をはじめ、売れる商品ページの作り方やSKUの対策などをわかりやすく紹介している。

　第3章では、本格的に売上を伸ばすために必要な楽天市場内のSEO（検索エンジン対策）についてレクチャーしている。売上が頭打ちになるネットショップが目の前の"壁"を打ち破るのに役立つだろう。

　第4章では、クーポンやLINE、アフィリエイトの活用法などを紹介。ツールをフル活用した売上の伸ばし方を解説している。

　第5章では、楽天スーパーSALEやお買い物マラソン、楽天スーパー

DEAL、頒布会や定期購入などのイベントで、売上を最大化させるマーケティングノウハウを余すことなく公開している。

第6章では、楽天市場のネットショップ運営の要となる広告の運用方法についてレクチャーする。「広告を出しても売れなかった」という苦い経験を持つ人や、「広告で売れても、利益が出ない」という悩みを抱えている人は、新たなネット広告戦略を構築するヒントにしてほしい。

第7章では、人材採用や外注業者の活用法に加えて、楽天市場の担当者との付き合い方、ネーションズへの参加の心構えなど、ネットショップの「人」と物流の問題についてわかりやすく解説する。

本書は、楽天市場に特化したマーケターの清水将平氏のノウハウを、経営コンサルタントの竹内謙礼がヒアリングして執筆、お互いで内容を加筆修正しながら書き上げた共著となる。清水氏の専門的なEコマースのノウハウを初心者でもわかりやすい言葉で表現し、私の持っている"楽天市場以外"のノウハウを加えることで、"史上最強"の楽天市場の攻略本ができたと自負している。

本書を手に取ってくれたすべての人が「楽天市場でもっと頑張ってショップを運営しよう！」という思いになってくれれば、著者としてうれしい限りである。

2025年2月
竹内謙礼

はじめに ……………………………………………………………… 002

知らないと損する!?
出店前でも出店後でも
知っておきたい楽天市場の基本

意外と知らない楽天市場の実態 …………………………………… 018
- ▶ 店舗数は横ばいだが、
  長期間に渡って売れているネットショップも ………………… 018
- ▶ 楽天市場以外のモールに出店しているネットショップはどのくらい? … 018
- ▶ 事業者の4割近くが3つの都市に集中 ………………………… 019

「楽天の運営にはお金がかかる」は本当か? …………………… 021
- ▶ ほかのモールと比べて楽天市場は極端に高いわけではない …… 021
- ▶ 楽天市場の利用料は「広告費」で誤解されている? ………… 021
- ▶ 楽天市場に最低限必要な「粗利率」は? ……………………… 023

話が違う! 出店の際の「落とし穴」 …………………………… 024
- ▶ 出店審査で落ちやすい「住所」や「電話番号」の登録 ……… 024
- ▶ 事業規模が小さければ「個人→法人」がおすすめ …………… 025
- ▶ 自分が売りたい商品でも、楽天市場が販売させてくれないことも … 025
- ▶ ショップを分けるのはデメリットのほうが大きい …………… 027
- ▶ 出店プランは目先の月額料金やシステム利用料に惑わされるな … 028
- **column** 出店前に押さえておきたい「2つの新常識」 ………… 030

第2章
広告に頼らずに売上を伸ばすテクニック

売上が伸びる「店舗名」と「商品名」とは ……… 036
- ▶ 覚えられない店舗名＝永遠に知らないお店 ……… 036
- ▶ 楽天市場で売上につながる理想の店舗名のつけ方とは ……… 036
- ▶ 売れる店舗名の3つの条件とは ……… 038
- ▶ 避けるべき店舗名とは ……… 040
- ▶ 英文字や造語などの店舗名をつけたい場合は、ふりがなを振る ……… 040
- ▶ お客がリピートしてくれる店舗名の作り方 ……… 041
- ▶ 「セマンティック検索」によって変わる店舗名対策 ……… 042
- ▶ 店舗名だけでなく、ロゴも重要 ……… 043

ほとんどの人が見ていない楽天市場の店舗トップページ ……… 045
- ▶ 店舗トップページを閲覧している人は10％以下 ……… 045
- ▶ 店舗トップページはレスポンシブデザインが主流に ……… 046

店舗トップページよりも大切な「カテゴリページ」と「コンテンツページ」とは ……… 047
- ▶ Googleの検索で上位が取れる「カテゴリページ」 ……… 047
- ▶ GoogleのSEO対策ができる「コンテンツページ」とは ……… 047

「ジャンル登録」よりも 「サブジャンル登録」が重要な理由 ··········· 051

▶ サジェストキーワードから「ジャンル」を考察する ··········· 051

▶ 決めたジャンルでどんな商品を販売すればいいのか ··········· 053

▶ 「サブジャンル」の登録が重要な理由 ··········· 056

売れる商品ページづくりのコツ ··········· 059

▶ 売れる商品ページは売れている店舗から学べ ··········· 059

▶ 楽天市場のお客は「比較して買っている」 ··········· 060

▶ 売れている商品を、できるだけ長期間に渡って売り続ける ··········· 061

▶ 「これを買ったらまちがいない」という商品ページは必ず売れる ··········· 061

▶ 悩みごと解決型の商品ページを作る ··········· 062

▶ 組み合わせ販売を活用して客単価アップ ··········· 064

▶ 「松竹梅」でより売れるようにする ··········· 065

転換率を上げるために必要な 商品ページのレビュー対策 ··········· 067

▶ レビューを書いてもらうために"オマケ"の商品を提供する ··········· 067

▶ レビューのガイドラインに違反せずにレビューを増やす方法 ··········· 068

必ず押さえておきたいSKU必勝法 ··········· 071

▶ 2023年から移行が始まったSKUプロジェクト ··········· 071

▶ マルチSKU（まとめ商品）にすべきか、 シングルSKU（単一商品）で登録すべきか ··········· 071

▶ マルチSKUで意識すべきSEOの注意点 ··········· 073

▶ SKUの画像もしっかり作り込む ··········· 076

`column` 送付する商品に同梱するチラシをひと工夫 ··········· 077

第3章

売上アップに欠かせない楽天市場とGoogleの検索エンジン対策

「楽天サーチ」と「Google」の関係性を理解する ——— 080

- ▶ 楽天市場への流入はGoogleの検索経由が7割 ——— 080
- ▶ 集客の流れを考えれば、改めて「ジャンル登録」の重要性が浮き彫りになる ——— 081
- ▶ なぜ、楽天市場の「商品ページ」はGoogleの検索結果の上位に表示されにくいのか？ ——— 084

楽天市場内SEOの徹底攻略法 ——— 086

- ▶ 広告よりも楽天市場内SEOが圧倒的に大事な理由 ——— 086
- ▶ 楽天市場内SEOで上位表示されるページの評価基準 ——— 086
- ▶ 楽天市場内SEOができていないと、広告を出しても売れない理由 ——— 088
- ▶ 楽天市場には「すぐに買う人」と「よく調べて買いたい人」の2種類がいる ——— 089

楽天サーチの検索順位を上げる方法 ——— 091

- ▶ 「商品名」はキーワードの配置が重要 ——— 091
- ▶ 検索結果に表示される商品名も大事 ——— 095
- ▶ 商品名を改善する際の注意点 ——— 096
- ▶ 「キャッチコピー」の改善策 ——— 097
- ▶ 「商品説明文」は融通が効く ——— 100
- ▶ キーワードにヒットする商品ページを増やすのも一手 ——— 100
- **column** イベントの2週間前までは、「早割」というキーワードで検索対策も可能 ——— 102

楽天市場内SEOにおける商品画像の考え方 ……… 103

- ▶ クリックされる商品画像とは？ ……………………………… 103
- ▶ 白背景ではなく写真背景にするほうが訴求できる ………… 104
- ▶ 「商品画像＝広告画像」という認識を持つ ………………… 106
- ▶ 商品画像2枚目以降や動画はどうする？ …………………… 107
- `column` 予約販売の落とし穴 …………………………………… 109

第4章 クーポンやLINEを活用して売上に加速をかける

使わなきゃ損！ クーポンを活用した売上アップ術 … 112

- ▶ 楽天市場のクーポンは4種類 ………………………………… 112
- ▶ クーポンの利用料は？ ………………………………………… 113
- ▶ ショップクーポンでまとめ買いを促進する ………………… 114
- ▶ サンキュークーポンの効果的な使い方とは ………………… 114
- ▶ バラエティクーポンは損にならないように注意 …………… 115
- ▶ クーポンで客単価を上げる方法 ……………………………… 116
- ▶ クーポンのリンク先をカスタマイズして、売りたい商品を案内する … 117
- ▶ クーポン配布やイベント開催などの告知には
  スマホ大バナーを徹底活用 ………………………………… 119

楽天市場とLINEの組み合わせが「最強」の理由 …… 122

- ▶ LINEの開封率はメルマガの6倍、クリック率で20倍 ……… 122
- ▶ まだまだネットショップのLINE活用は"穴場" …………… 124

- ▶ クーポンを使ってLINE公式アカウントの友だちを増やす ……… 125
- ▶ LINEでクーポンを配布するには ……… 126
- ▶ LINEの友だちを増やすネットショップならではの方法とは ……… 127
- ▶ LINEメッセージは素人でもかんたんに作れる ……… 128
- ▶ 飽きられないLINEメッセージのコツとは ……… 130
- ▶ LINEのメッセージを送るのはタダではない ……… 130
- ▶ LINEと楽天スーパーSALEが、抜群に相性がいい理由 ……… 133
- ▶ LINEメッセージの開封率を上げるテクニック ……… 134
- ▶ LINEメッセージをブロックさせない方法 ……… 134
- ▶ 楽天市場のネットショップのLINEか？　自前の公式LINEか？ ……… 136
- ▶ リピートしない商材こそLINEに取り組むべき理由 ……… 136
- ▶ 情報を拡散してもらうツールとしてLINEを活用する ……… 138

メルマガとの「最適なつきあい方」 ……… 139

- ▶ 商品に興味があれば、LINEだろうがメルマガだろうが
  必ず読んでくれる ……… 139
- ▶ テキストとHTML、どちらがいいか ……… 140
- ▶ 楽天市場のメルマガは送信枠がある ……… 141
- column 確実に届くSMSを活用する ……… 142

ネットショップはレビューが命！
高評価レビュー増加大作戦 ……… 143

- ▶ レビュー数や評価はネットショップの売上に影響する ……… 143
- ▶ レビューを書いてもらうための「3つの環境づくり」 ……… 144
- ▶ 評価の低いレビューはチャンスと思え ……… 145
- ▶ 低い評価のレビューがつきにくい商品を売る ……… 146
- column 多くの楽天市場のネットショップが誤解している
  SNSと動画の活用 ……… 147

アフィリエイトは取り組むべきか？ 149

- ▶ アフィリエイト経由の売上が3割以上のネットショップも 149
- ▶ 店舗側ではコントロールしにくくなったアフィリエイト経由の売上 151
- ▶ わかりにくいアフィリエイト経由の売上 152

第5章

セールを制するものは
楽天市場を制する

新規客を増やす「お買い物マラソン」攻略法 156

- ▶ 「楽天スーパーSALE」と「お買い物マラソン」の違いは？ 156
- ▶ お買い物マラソンを「安売り」で終わらせないための5つの施策 157
- ▶ 高価格帯の商品は、LINEやメルマガの告知で集客 159

楽天スーパーSALEで売上を最大化する方法 160

- ▶ 普段から売れている商品ページで勝負する 160
- ▶ 儲からなくても楽天スーパーSALEに参加する意味がある場合とは 161
- ▶ 楽天スーパーSALEにあわせて広告を出すべきか？ 162
- column 「CSV商品一括編集」に1万円払うべきか？ 163

「イベント後に売れなくなる病」を解消する方法 165

- ▶ セール以外でもしっかり売れ続ける店舗を作る 165
- ▶ お客に「ファン」になってもらう4つの施策 165
- column 安売りに依存するのは、日々の業務に追われているから 168

「楽天スーパーDEAL」に向いている店舗、向いていない店舗 ……… 170

- ▶ 利益率の低いネットショップには厳しい売り方 ……… 170
- ▶ メーカーは強いが、無名ブランドは弱い ……… 171
- **column** 定期購入／頒布会は、楽天市場では相性が悪い？ ……… 172

第6章 楽天広告の必勝法

なぜ、楽天市場では「広告を使っても売れない」が起きるのか？ ……… 176

- ▶ 売れない商品ページにお客を呼び込んでも売れるはずがない ……… 176
- ▶ 楽天市場の5タイプの広告を理解して、売り方の構造を学ぶ ……… 176

1年間の売上が決まる「楽天市場広告」の攻略法 ……… 183

- ▶ 季節イベントの特集広告で、年間売上の8割以上を占める店舗も ……… 183
- ▶ 広告はライバル店舗の出稿状況をチェックしながら、早めに買う ……… 184
- ▶ 広告の原稿は差し替えが可能 ……… 184
- ▶ 特集広告改善の4つのチェックポイント ……… 185
- ▶ ギフト広告はお客の信頼で勝ち取った「ご褒美」 ……… 188

初心者でもわかる「RPP」で売上を伸ばす方法 ……… 189

- ▶ 楽天市場攻略に欠かせない「RPP」 ……… 189
- ▶ ジャンル登録が違うと、広告も違うところに表示される ……… 190

広告を運用するかしないかの判断は「必要な利益」で見極める 192

▶ 広告を出しても、利益を得るどころか
　 マイナスになってしまうことも 192
▶ 広告の運用で必要な指標「ROAS」とは 193
▶ ROASだけでなく、売上に対しての広告費の割合もあわせて考える 194
▶ 効率的に広告を運用するためには 194
▶ ROASの数値はあくまで目安 197

クーポンアドバンス広告を活用する 198

▶ RPPとクーポンアドバンス広告を比較すると 198
▶ クーポンアドバンス広告は「入札価格」と
　 「クーポン割引率」の2つで効果が変わる 198

ターゲティングディスプレイ広告で売れる店舗、売れない店舗 200

▶ ブランド力やネームバリューのある商品向けの広告 200
▶ 広告は「自分だけにうまい話が転がってくる」ことは絶対にない 200

第7章
ネットショップの人と物流の新常識

人を増やす時代から、人を減らす時代に 204

▶ コロナ禍でEコマース人材の給与が高騰 204
▶ 月商1,000万円までは1人でも運営できる？ 205

- ▶ デジタルに強いパート、アルバイト、インターン、
  フリーランスの雇用のコツ ……………………………………… 207
- ▶ 正社員はパートの延長線で採用するのがベター ……………… 208
- ▶ 最悪なのは「素人の担当者」が実権を握ること ……………… 209
- ▶ 経営者自身が「売れる仕組み」を学ぶべき …………………… 210

ウェブページ制作会社選びで失敗しないポイント ……… 212

- ▶ 「やったことがあるか」を確認する ………………………………… 212
- ▶ 「どこの会社に依頼するか」よりも「だれが担当になるか」が重要 … 213
- ▶ 「全額先払い」は慎重な判断を ………………………………………… 213

楽天市場のECCとネーションズとのつきあい方 ……… 215

- ▶ ECCに自分の店を「知ってもらうこと」が大事 ……………… 215
- ▶ ネットショップがネットショップを教える「ネーションズ」に
  参加するべきか？ ……………………………………………………… 216
- ▶ 教える側も教わる側もメリット満載 ……………………………… 217
- ▶ リーダーショップの取り扱う商品によって相性がある ……… 218

楽天市場のネットショップの賢い配送会社の選び方 … 220

- ▶ 2024年7月から導入された「最強配送」ラベルの影響 ………… 220
- ▶ 出荷量が多くなる前にRSLの活用を ……………………………… 220
- ▶ 複数モールを運営する場合のRSLの対応方法 ………………… 222
- ▶ RSLの保管料の高さをどうカバーするか？ …………………… 222
- ▶ 送料はどこまでコストダウンできるのか？ …………………… 223
- ▶ 送料が爆上がりしたネット通販の未来とは？ ………………… 224

おわりに ………………………………………………………………… 225

第 1 章

知らないと損する !? 出店前でも出店後でも知っておきたい楽天市場の基本

ここで紹介するのは、楽天市場に出店する "前" のノウハウになる。しかし、すでに楽天市場に出店しているネットショップでも見落としている重要な施策も多い。出店した当初は右往左往しながらネットショップを作ったために、正しい商品登録ができていなかったり、大事な項目が抜け落ちたりしているケースも多々見受けられる。情報としては初心者向けとなっているが、ベテランのネットショップ運営者でも、楽天市場の " 基礎の総点検 " だと思って、自店の見直しや改善にこれらのノウハウを役立ててほしい。

意外と知らない
楽天市場の実態

店舗数は横ばいだが、長期間に渡って売れているネットショップも

　闇雲に「楽天市場に出店しよう！」とネットショップをオープンしても、楽天市場がどのくらいの市場規模で、どのようなネットショップが出店しているのか把握していなければ、自店のマーケティング戦略も大きくブレてしまう。楽天市場の全体像の情報を通じて、自社のネットショップがどのようなポジションにあるのか、改めて把握してもらいたい。

　2024年の楽天ショップ・オブ・ザ・イヤーのページに掲載されている情報によると、楽天市場の出店店舗数は5万以上と記載されている。Amazonが30万店舗以上、Yahoo! ショッピングが7万店舗以上（実際に販売している店舗）と、数だけで見れば楽天市場が逆転されてしまっている。しかし、楽天市場の月額出店料が割高である点を踏まえて考えると、日本最大級の、本気でネットショップを運営している店舗が集まったモールと言ってもいいだろう。

　ここ数年の店舗数は増減を繰り返している状態で、結果的に“横ばい”が続いている。ざっくりとした言い方をすれば、毎月400 〜 500店舗が楽天市場に出店し、400 〜 500店舗が退店しているイメージだ。

　とはいえ、中には20年以上、楽天市場に出店し続けているネットショップも多数存在している。その現状を考えると、**売れていないお店は、「売れるノウハウにたどりつけてない」だけ**の話であり、そのノウハウをつかむことさえできれば、楽天市場で息長くビジネスが展開できることになる。

楽天市場以外のモールに出店しているネットショップはどのくらい？

　近年、複数のモールに出店することが業界でトレンドになっている。2000年頃に楽天市場に出店していたネットショップの多くは、Yahoo! ショッピ

ングにも出店し、2010年頃からAmazonにも商品を出品する店舗が増えた。副業として、個人でAmazonに出品する人も増加傾向にある。

ちなみに、ECマスターズクラブの会員の出店状況を見ると、楽天市場に出店しているネットショップの約7割がYahoo!ショッピングにも出店しており、約6割がAmazonに出店している状況である。

ECマスターズクラブに入会しているネットショップに限っていえば、**大手3大モールのすべてに出店している会員が全体の約半数を占める**。売上を伸ばすことに対してモチベーションの高いネットショップが集まっているとはいえ、「せっかく楽天市場にネットショップを出したのだから、同じような店をAmazonやYahoo!ショッピングに出そう」と考えている人は、思いのほか多い状況といえる。

事業者の4割近くが3つの都市に集中

意外に知られていないのが、楽天市場の出店企業の「所在地」である。自社調べになるが、2024年現在で所在地が東京都の企業が21％、大阪府が13％、愛知県が6％と3つの都市に4割近くが集中している。

大都市は企業数が多いため、必然的に出店する企業が集中してしまう事情もある。しかし、大都市圏からのアクセスや注文が多く、配送料や配送スピードを考えると、**大都市圏の近くでネットショップを運営することは、効率面でもメリットが大きい**といえる。

最近では、副業の解禁やオンラインミーティングの普及により、地方都市の企業でも容易にデジタル人材を雇用することが可能になった。物流もアウトソーシングが主流になっており、東京都、大阪府、愛知県にネットショップを運営する企業が集中する流れも、長期的に見れば変わる可能性がある。

楽天市場には海外企業のネットショップも多く参入している。自社調べになるが、アメリカや中国、韓国からも800店舗以上が出店しており、グローバル化は加速している。裏を返せば、**楽天市場では海外の企業とも戦わなくてはいけない**ということになるので、価格や商品力の競争がますます激しくなっていくことは理解しておく必要がある。

自社のツールを使用して調査した都道府県別の店舗数（2025年）

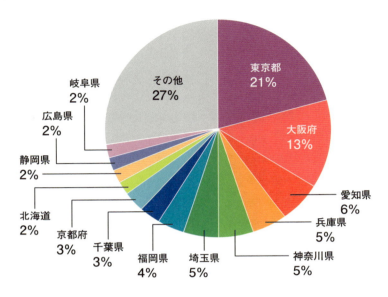

東京都、大阪府、愛知県に集中していることがわかる。

「楽天の運営には お金がかかる」は本当か？

ほかのモールと比べて楽天市場は極端に高いわけではない

楽天市場の店舗のランニングコストは、大雑把にいえば、**月額出店料と売上手数料などを合わせて「売上の10～15%」が標準的**といえる。「楽天市場は手数料が高い」と言う人もいるが、Eコマース業界全体からみれば、そこまで高額な利用料金とはいえないところがある。

たとえばAmazonは、商品のジャンルによって変わるものの、8～15%の手数料が発生する。月額出店料無料と安さをアピールしているYahoo!ショッピングでも、決済手数料などを合計すると9%前後のランニングコストがかかる。それを考えると、楽天市場だけが突出して手数料が高いわけではない。

楽天市場よりも自社サイトのネットショップ運営のほうがランニングコストはかからないと思っている人は多い。しかし、これは大きな誤解である。楽天市場と同じような管理運営システムを導入し、楽天市場のネットショップと同等のアクセス数を稼ぐためには、相当のシステム投資と、ネット広告やSEOにかける予算が必要になる。優に楽天市場のランニングコストを上回る経費が発生し、中小企業では手が出せないほどの大がかりな事業になってしまう。

楽天市場の利用料は「広告費」で誤解されている？

楽天市場の利用料が「高い」と思われてしまうのは、**「広告費を使わないと売上を伸ばすことができない」というイメージが強く残っている**ことが要因として考えられる。では、楽天市場でネットショップを運営する場合、どのくらいの広告費が必要なのか。

たとえば、商品名や型番などが決まっていて、楽天サーチの検索結果から

集客できる、いわゆる「型番商品」であれば、販売価格さえ下げれば広告にそこまで依存せずに売ることができる。そのため、売上に対して2～3％の広告費を投資すれば、一定水準の収益を確保することができると推測する。

一方、検索でわざわざ探すケースが少ない食品の場合、シーズンによって売れ行きが大きく変わるため、広告への投資が必要となる。売上全体の6～7％の広告費を投資しなければ、売上を作ることが難しいといえる。楽天市場の上位店舗になれば、売上に対して10％以上の広告費を投資しているケースも多い。

これらの事情を含めて考えると、利用料と広告費をあわせて、25％前後のランニングコストがかかることになる。「楽天市場の運営にはお金がかかる」と表現する人が多いことにも合点がいくが、裏を返せば**広告費を可能な限り抑えることさえできれば、楽天市場ほどコスパに優れたネット上の売場はない**ということになる。実際、広告費ゼロで売上を伸ばしている店舗も多く存在している。

行き着くところ、多くの利益を確保するためには、いかに広告を使わないネットショップを構築することができるかが、楽天市場の店舗運営のキモになるといえる。本書では、どうすれば「広告を使わないネットショップ」を

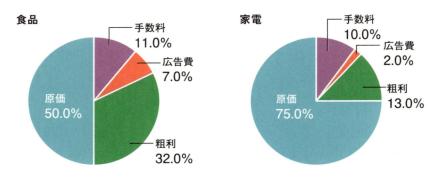

食品と家電のランニングコストのイメージ

食品は利益が厚いが広告費をかけなければ売上を作ることが難しい商材の1つといえる。一方、家電は価格競争に陥りやすく利益が薄いものの、広告費を最小限に留めることができる利点がある。商材によって広告費の比率は大きく変わってくる。

構築できるか、具体的な手順を第2章で解説する。

楽天市場に最低限必要な「粗利率」は？

「粗利率」とは、商品や製品、サービスなどの売上から、仕入れなどの費用を差し引いた利益の割合のことを意味する。楽天市場でネットショップを運営する場合、支払う手数料や広告費のことを考慮すると、**粗利率は最低でも5割以上は欲しい**ところである。

仮に自分の店舗の粗利率が3割前後しかない場合は、利益を取りにいくよりも、販売数を増やすことに重点を置いて、スケールメリットで利益を確保する戦略にシフトしたほうが得策といえる。

粗利率が2割以下の商品になると、楽天市場の運営は厳しいものになる。複数の商品を組み合わせたり、ギフト品を販売したりして、粗利率を稼ぐ戦略を意識的に展開する必要がある。商品の見せ方やシーズンによって売上のピークを作るマーケティングを駆使すれば、安定した売上を確保することも不可能ではない。

一方、高い粗利率を確保していても、油断は禁物である。楽天市場の出店料やシステム手数料が今後値上げされる可能性はゼロではない。円安が続けば、Dropbox や Zoom などのシステムの利用料も上がっていく。YouTube や Instagram による情報発信がさらに重視されるようになれば、新たなコンテンツ制作にもコストがかかるようになる。

加えて、原材料費、人件費、送料などのコストは、今後上昇することはあっても下がることはない。ネットショップ運営には常に「コスト削減」という言葉がつきまとう。

ネットショップは、常に高い粗利率をキープし続けることを意識しなければすぐに儲からなくなってしまうビジネスモデルであることは、理解しておいたほうがいいだろう。

話が違う！
出店の際の「落とし穴」

▶ 出店審査で落ちやすい「住所」と「電話番号」の登録

　会社に大きな問題がない限り、楽天市場の出店審査で落ちる可能性は低い。しかし、出店不可の判定が出た場合、楽天市場側にその理由を教えてもらうことができないため、出店できなくなったことで迷走してしまう店舗も少なくない。

　出店不可の理由で最も多いのは、個人情報の取り扱いに問題のある「住所」だ。たとえば、**複数の会社が同じ住所にあるシェアオフィスの場合、出店を見送られるケースがある**。個人事業主やサイドビジネスでネットショップを始める場合は、要注意のポイントといえる。そのような環境で業務をおこなっている場合は、会社ごとに住所が振り分けられているシェアオフィスや、すでに出店しているショップが利用しているレンタルオフィスなどに移転することをおすすめする。

　そのほかにも、反社会的勢力に関わる会社や、過去にネットニュースなどによからぬことを書かれてしまった個人なども、出店審査に落ちてしまう場合がある。Yahoo! ショッピングでは、過去に個人で利用したヤフオクの規約違反が原因で出店審査が通らないケースもあるため、楽天のリユース市場「ラクマ」の評判が悪い会社などは、出店を見送られる可能性もある。

　また、**楽天市場は原則として副業での出店を認めていない**点も注意するべきポイントといえる。ほかのモールで副業としてネットショップを運営し続けるのか、個人事業の開業届を提出して本腰を入れてネットショップ事業に取り組むのか、出店前に検討する必要がある。

　意外に知られていないのは、**出店登録の際の電話番号が「090」などで始まる携帯番号が認められていない**点である。また、FAX番号の登録が必須だったり、登録するメールアドレスはGmailなどのフリーメールのアドレスでは不可だったり、注意点は思いのほか多い。

なお、出店審査とは関係ないが、楽天市場は法人からの注文も見込めるため、**出店前にインボイス制度の適格請求書発行事業者の登録もおこなっておいたほうがいい**だろう。

事業規模が小さければ「個人→法人」がおすすめ

「個人事業主と法人、どちらで出店するべきか？」

　起業や副業でネットショップを始める人からこんな質問をされることが多い。楽天市場の場合、個人事業主で出店した後に法人に変更することが可能なので、まずは個人事業主で出店し、その後、売上が伸びて税金の支払いが多く発生しそうであれば、法人に切り替えるのが得策といえる。

　切り替えの際、**ミスが起こりやすいのが、「代表取締役の移行」**である。同じ個人事業主が法人の代表取締役になるのであれば問題はないが、別の代表取締役の法人に変えようとすると、変更が認められないケースがある。たとえば、法人化にあたり親に代表取締役をやってもらうような場合は、このようなミスが起こりやすい。そのほか、事業を譲渡する場合でも、同じようなトラブルが発生しやすい。

　個人事業主で事業を始めた際は、法人に切り替えた場合でも、同じ代表取締役で事業が進められる体制を整えておく必要がある。

自分が売りたい商品でも、楽天市場が販売させてくれないことも

　取り扱い商品によっては、楽天市場から資格を求められるケースもある。たとえば、中古品を販売する場合は古物商免許証が必要であり、酒類であれば酒類小売業免許が必要となる。

　資格とは関係ないが、おせち料理を販売する場合、楽天市場で事前審査が必要であり、製造者の営業許可証などが求められる。過去に某クーポンサイトで大規模な配送トラブルが発生した背景があり、楽天市場としても、おせち料理に関しては慎重を期して対応しているところがある。

最近は、ブランド品の取り扱いに関しても規制が厳しくなっている。メーカー、または正規代理店から店舗までの商流がたどれる仕入れ伝票のほか、ブランド品の取り扱い実績が1年以上あることを証明する書類を出店の際に提出する必要がある。

「この商品は楽天市場で売れそうだ」と安易に考えて、大量に商品を仕入れてからさまざまな申請が必要なことに気づき、商機を逃してしまうネットショップは思いのほか多い。新たに扱う商品がある場合は、規約を読み直したり、楽天市場に相談したりして、慎重に対応することをおすすめする。

事前審査が必要なものの代表例

医薬部外品・化粧品・健康食品	・法定表示ラベル ・以下3点が確認できるもの 　1. 商品の名称（医薬部外品の場合は「医薬部外品」の文言） 　2. 製造販売元（健康食品の場合は製造者または加工者、輸入者、販売者のいずれか） 　3. 成分表示欄（健康食品の場合は、原材料名欄） ・各必要許可証または届出書の写し
ブランド品	・メーカーまたは正規代理店から店舗までの商流をたどれる仕入れ伝票 ・ブランド品の取り扱い実績が1年以上あることを証明する書類 ・仕入れ伝票に対応する通関証明（輸入許可通知書）およびインボイス
中古品	・古物商免許証の写し ・取り扱い予定の中古商材写真 ・中古取り扱い業歴（1年以上）を証明する書類 ・主たる営業所などの届出の証明（令和2年3月31日以前に許可証取得の場合） ・真贋マニュアル ・個人情報消去に関する情報 ・中古医療機器事前通知に関する受領書

ショップを分けるのはデメリットのほうが大きい

2010年頃、楽天市場に「1号店」「2号店」と、同じような商品を販売するネットショップを次々にオープンするブームがあった。店舗を増やし、商品ページを大量に制作することで、お客の流入経路を増やし、売上を伸ばすネットショップが急増した。

しかし、複数出店と呼ばれるこの手法は、数年後には縮小していく。理由は、楽天市場の売上を伸ばす仕組みが、**商品ページの多さではなく、注文件数や金額、レビュー件数、レビュー評価を重視する**ようになったからである。

同じ商品を複数のネットショップに掲載することは、在庫や商品レビューが分散することになり、商品ページの評価が上がらなくなる要因になってしまった。1つの商品であれば100のレビューを集められるところを、同じ商品を2つアップして50ずつに分散される施策は、ランキングや検索順位の上昇を抑制することになる。結果、主力の店舗の成長を、あとから出店した2号店、3号店が抑制してしまう形になり、非効率な販促手法になってしまったのである。

性別や年齢別にネットショップのデザインやモデルを使い分けることが可能であれば、今でも複数出店は有効な手段といえる。しかし、**スマホで楽天市場を利用すると、「お店から選ぶ」という導線は極めて少ない。**アプリも含めて、商品ページが入口になるケースがほとんどのためだ。今は評価の高い商品ページをしっかり作り込むことのほうが、検索結果やランキングなどからの集客を高める施策になっている。

1つのネットショップだけで売上を伸ばしたほうが、「楽天ショップ・オブ・ザ・イヤー」「楽天ショップ・オブ・ジ・エリア」「楽天ショップ・オブ・ザ・マンス」などが受賞できる可能性も高くなる。

楽天市場内に複数のネットショップを運営するほうが売上が増えそうなイメージを持つ人も多いが、実際にはマイナス面のほうが大きいことは理解しておいたほうがいいだろう。

出店プランは目先の月額料金やシステム利用料に惑わされるな

　楽天市場に出店した時だけではなく、出店中も悩んでしまうのが「出店プラン」だ。現在の売上に対して、本当に適切な出店料でプラン選びをしているのか、疑心暗鬼になっているネットショップも少なくない。2024年6月から楽天市場の出店料が値上げとなり、以下の表の3プランになっている。

　出店料が最も安い「がんばれ！プラン」は、初心者のネットショップには魅力的に見える料金形態である。しかし、システム利用料が割高のため、このプランが本当に自分の店舗にとってお得なのかどうか、判断が難しいところがある。どのくらいの売上に達すれば、出店プランの高い「スタンダードプラン」がお得になるのか。プラン選びについては、出店者から最も質問されるテーマといえる。

　この点に関しては楽天市場も心得ているらしく、出店案内ページでプランの選び方について丁寧に解説しており、そこでは

「月商が約178万円を超えると、『がんばれ！プラン』よりも『スタンダードプラン』のほうがお得」

3つの出店プラン

プラン名	月額料金	登録可能商品数	画像容量	システム手数料（パソコン / モバイル）
がんばれ！プラン	25,000円	10,000商品	1.5GB	3.5%〜6.5%／4.0〜7.0%
スタンダードプラン	65,000円	50,000商品	100GB	2.0%〜4.0%／2.5%〜4.5%
メガショッププラン	130,000円	無制限	無制限	2.0%〜4.0%／2.5%〜4.5%

https://www.rakuten.co.jp/ec/plan/

と公開されている。つまり、年商2,000万円よりも少ない売上であれば「がんばれ！プラン」を選んだほうが得策ということになる。

しかし、**プラン選びで本当に意識しなくてはいけないことは、売上のボーダーラインではなく、「画像容量」**である。

「がんばれ！プラン」の場合、画像容量が1.5GBとなり、仮に1商品ページを500KBの画像5枚で作成したとして、600商品のアップが上限となる。商品点数を増やしたいネットショップにとったら、「1.5GB」の画像容量では"足りない"ということになってしまう。せっかく売上を伸ばせるネットショップを構築したとしても、商品点数が増やせなくなったり、バナーが設置できなくなってしまったりするのは、本末転倒である。

また、**プランの契約期間が1年のため、仮に「がんばれ！プラン」の使い勝手が悪かったとしても、すぐに「スタンダードプラン」へ変更することができない**ことも考慮したい点である。楽天市場では画像容量を増やすオプションサービスも提供しているが、1GBの追加で月額5,000円、もしくは10GBの追加で月額10,000円のオプション料金が加算され、無駄なコストが

プラン選びのフローチャート
商品登録数と画像容量から適切なプラン選びをするのが大事

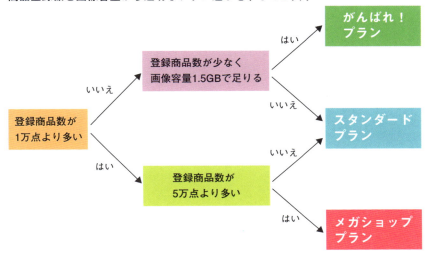

発生することになる（10GB 以上は追加で増量することはできない）。取り扱う商品数、写真枚数によっては、「スタンダードプラン」の月額料金のほうが安くなる可能性もある。

画像容量の制限という"余計なこと"に労力を割くぐらいならば、「スタンダードプラン」で気兼ねなく運営するほうが、コスト削減よりも大きな利益を生み出せる。解像度の大きい画像をアップしておくと、楽天市場がユーザーに対して最適化した画像サイズに切り替えて提示してくれるので、PCでもスマホでもクオリティの高い写真をお客に見せることも可能になる。目先の月額料金やシステム利用料に惑わされることなく、店舗運営全体を見据えた適切なプラン選びが店舗運営者には求められる。

なお、今回の料金改定で「スタンダードプラン」の画像容量が100GBへと拡充されたが、**商品数が5万点を超える場合は「メガショッププラン」を選択する必要がある**ので注意が必要である。

column

出店前に押さえておきたい「2つの新常識」

過去にネットショップの運営に携わった人ならば、「こんな風に運営すれば売上が伸びる」という経験則を持っているはずである。しかし、Eコマース業界は時代と共に大きな進化を遂げて、常識だと思っていたことが、数年で非常識になってしまうことが頻繁に起きている。

細かい運営方法の変化は多数あるが、ここでは運営前に必ず押さえておきたい2つの「新常識」について解説したい。

▶ 新常識① ロングテールは古い？ スマホ時代の新常識

スマホから商品を買う人が増えたことで、楽天市場の戦略が大きく変わった。PCが主流の頃は、お客が商品を探すために楽天サーチの検索結果を1ページ目から順々にスクロールし、2ページ目、3ページ目に表示されているネットショップの商品でも売れることがあった。しかし、ネットショップを閲覧するデバイスがスマホにシフトし、画面が

小さくなったことで、何ページにも渡って楽天サーチの検索結果を追いかけなくなってしまった。そのため、**検索の上位に表示されている商品だけが極端に売れるようになり、下位に表示される商品が以前よりも売れなくなってしまった。**

　もう1つの変化は、メルマガによる販促である。ガラケーの時代はお客との接点がメルマガ中心だったこともあり、メルマガを配信すれば、右肩上がりで売上が伸びていった。しかし、スマホに変わったことで、LINE や Instagram などの SNS がコミュニケーションの主流になり、メルマガによる販促効果は下落傾向の状況が続いている。

　15年以上前であれば、商品点数を増やしていけば、販売機会の少ない商品でも売れてくれる「ロングテール」の手法が通用していた。しかし、今はその"テール"の部分にまでお客が流入しなくなり、メルマガでも商品が売りにくくなったことで、ロングテールの戦略が楽天市場で主流ではなくなってしまった。

　商品を闇雲に増やすのではなく、**まずは楽天サーチの検索でトップを独占できる"柱"となるヒット商品を作り、その柱を増やしながら、ほかの商品に導線を引っ張る**のが、今の楽天市場の新しい売り方として定着しつつある。

　この新しい売り方を実践するためには、機械的に商品を登録して、商品ページを増やしていくのではなく、楽天市場内の SEO を意識しながら、販売数とレビュー数を増やし、楽天市場の検索結果で上位表示を狙っていく施策が必要不可欠となる。

　常に楽天市場の売れ筋ランキングのページに表示されるような、クオリティの高い商品ページを徹底して作り込むことが、今のスマホ時代の売上を伸ばす王道の戦略になっているのである。

▶ 新常識②　成功店舗はみんな実践している「TTPS」

　ネットショップ運営に限らず、ビジネスには「正解」が存在しない。

だれかが実践した「結果」は存在しているものの、それと同じことを実践しても、同じ成功という「結果」が生まれる保証はどこにもない。つまり、ビジネスを正解に導くためには、常にだれかが成功したプロセスと自分のやり方を比較しながら、オリジナルの方法を探し当てる作業が必要となる。

　楽天市場のネットショップ運営にも同じことがいえる。最初から検索順位が上がる裏ワザや、売れるネット広告を探し出すテクニックが存在しているわけではない。それらのノウハウはすべて自分たちで探し出す必要があり、**だれかが特別な手法をこっそり教えてくれるような甘い話は一切ない**。「お金さえ払えば、一瞬で売上が伸びる裏ワザを教えてくれる」と期待してしまうと、ほぼまちがいなく失敗に終わってしまう。

　ネットショップ運営の初心者にとって、自分のまったく知らないEコマースのビジネスで成功する方法を探ることは難しい。しかし、成功した方法を徹底的に参考にすることは、そこまでハードルの高い作業ではない。

　この方法論を「TTPS」という言葉で表現したのが、リクルートでスーモカウンターの事業を成功させた中尾隆一郎氏である。TTPSとは、「徹底的にパクって、進化させる」という頭文字を取ったもの。中尾氏は、仲間と一緒に試行錯誤しながら事業を成長させていくプロセスとして、この言葉を編み出した。この手法を実践することで、当時のスーモカウンターは、6年間で売上30倍、店舗数12倍、従業員数5倍の急成長を遂げることに成功した。

　このように、成功を手繰り寄せるためには、成功事例を徹底して研究し、その手法を自分たちで昇華させていく努力が必要なのである。「真似る」や「パクる」という言葉をネガティブに捉えてしまう人も多い。しかし、「学ぶ」の語源は「真似ぶ」であり、「まねぶ」から「まねる」そして「学ぶ」に転じたという一説もある。つまり、学習の基本は「真似る」ことが出発点であり、模倣することで売れるノウハウ

を進化させていくことは、ビジネスにおいての常套手段といえる。

　売れている店舗側の立場からすれば、ライバル店舗に参考にされるのはたまったものではない。しかし、楽天市場は創業当初から競合店同士がお互いで商品ページを参考にし合って、切磋琢磨し、成長してきた歴史がある。真似されたページを、さらに昇華させて売れるページにすることで、ライバルが追従できないほどの進化のスピードで走り続けている店舗が、今の楽天市場を牽引する、売上トップクラスのネットショップなのである。

　楽天市場に出店した際は、自分がベンチマークするべきネットショップを見つけて、その店舗を「真似る」ことが、売れるネットショップになるための最初の一歩になる。たとえば、花屋で出店した場合、すでに出店している売れている花屋をランキングから参考にすることは容易なリサーチ方法といえる。また、財布を売りたい場合、「財布」というキーワードで検索して、上位表示されているレビュー数が多いショップを見つけて参考にすることは、そこまで難儀な仕事ではない。

　TTPSを実践するうえで注意しなければならないことは、月商100万円を目指している小規模のネットショップが、月商数千万円のネットショップを参考にしてしまうケースである。自社の在庫をすべて売りつくしてもたどりつけないような雲の上のショップを「TTP」してしまうと、最後の「S」、つまり進化ができなくなり、逆にモチベーションを下げてしまうことにもなりかねない。

　たとえば、現状の売上が月商100万円の店舗の場合、同じぐらいの商品点数、価格帯の商品を取り扱っているネットショップを参考にするのが理想といえる。売上規模も、1.5倍から3倍ぐらいが現実的な目標にするべき店舗といえる。

　このように、**ベンチマークすべき目標のネットショップを見つけることが、最短で売上を伸ばすためのマーケティングの第一歩になる。**これらのリサーチ作業を通じて、自分たちがやらなくてはいけない業務が、具体的に見えてくるはずである。

第 2 章

広告に頼らずに売上を伸ばすテクニック

ここでは、売上を伸ばす環境が整っていない人でも、少ない時間で効率よく売上を伸ばすテクニックをわかりやすく解説する。特に、楽天市場内 SEO を重視した、広告を使わずに売れる店舗作りのノウハウに関しては、重点を置いて紹介する。

売上が伸びる「店舗名」と「商品名」とは

覚えられない店舗名＝永遠に知らないお店

楽天市場のネットショップ運営で、絶対にやってはいけないのは「お客に店舗の名前を忘れられること」である。

たとえば、楽天市場でコーヒー豆を購入した場合、お客が「美味しかった」と思ってくれても、「楽天市場で買った」という記憶しか残っていなければ、次は別の店舗で購入されることになってしまう。

また、知人にコーヒーを飲んでもらった時に、「このコーヒー、どこで買ったの？」と聞かれても、店舗名が即答できなければ、口コミで購入してもらう機会も失うことになる。

もちろん、購入履歴を追いかければ、同じ店舗で購入することは可能だ。しかし、楽天市場にアクセスした段階で「ほかの店舗も見てみよう」と目移りされてしまったら、購入履歴を追いかける前に、ほかのネットショップに浮気されてしまうことにもなりかねない。

家具やインテリアなどの非リピート商品の場合、知人に商品を勧める時や、類似商品を購入する時などに、店舗名を忘れられてしまうことは、大きな機会損失になる。

「お客に店舗の名前を忘れられること」は、「知らないお店」と同じ扱いになり、集客に再びコストが発生することになる。ゼロからお客との関係性を構築しなくてはいけなくなるので、販促費としても大きな損失になってしまうのである。

楽天市場で売上につながる理想の店舗名のつけ方とは

ネットショップを構築する際、最初にやらなくてはいけないことは、何の商品を売っているのかひと言でわかる店舗名をつけることである。楽天市場

の店舗名は「全角16文字」と決められており、その文字数内で店舗名を考える必要がある。

たとえば、チョコレートを販売する店舗であれば、

「横浜チョコレート」
「チョコレートカフェ」
「チョコレート工房」

など、"チョコレート"がショップ名に入ったほうが、文字が目に入った瞬間に、何を売っている店舗なのかすぐに判断することができる。

また、店舗名に含まれているキーワードは、楽天市場の検索対象にもなり、すべての商品ページがヒットする施策にもなる。つまり、販売している商品がわかるキーワードを店舗名に挿入することは、楽天市場内のSEO対策にもつながり、集客効果を高めるうえでも重要なマーケティング戦略になるのだ。

ただし、店舗名に検索キーワードを入れてしまうと、そのキーワードで検索した際に、ほかに取り扱っている商品もヒットしてしまうこともリスクとして理解しておく必要がある。

たとえば、先ほど事例として紹介した、チョコレートを扱っているネットショップが「チョコレート工房」という店舗名をつけたとしよう。仮に、その店舗がパンケーキを販売していたら、「チョコレート」の検索結果にパンケーキが出てきてしまうことになってしまう。

その逆で、「パンケーキ」と検索してもなかなか検索結果に出てこなくなり、お客が探しにくい事態にもなってしまう。

ネットショップの名前をつける際は、**検索にヒットさせたいキーワードを考えるだけではなく、ほかの商品のラインナップも意識しながら、最適なネーミングをつける**ことが求められる。

第2章　広告に頼らずに売上を伸ばすテクニック

売れる店舗名の3つの条件とは

　商品を気に入ってくれれば、Google や Yahoo! JAPAN などの検索エンジンでブランド名を調べて、商品を探してくれるケースも増える。その際に、検索で1位を狙えないような一般固有名詞を店舗名にしてしまうと、せっかくの良質なお客を取り逃すことになってしまう。

　たとえば、羽毛布団を取り扱っているネットショップが、「羽毛布団百貨店」という「羽毛布団」と「百貨店」の一般固有名詞が並んだ店舗名をつけてしまうとどうなるか。Google の検索結果の上位に有名百貨店の寝具販売ページが並んでしまうため、自分のお店を目当てにアクセスしてきたお客を誘導することができなくなってしまう。

　理想的な店舗名のつけ方は、楽天市場で取り扱う商品のランキングをチェックするのがいいだろう。上位にランクされている店舗名を参考にしたうえで、以下の条件を満たす店舗名をつけることをおすすめする。

- **Google で検索しても同名のサイトが存在していない**
- **何を売っているかわかりやすい**
- **覚えやすい**

　すでに出店しているネットショップであれば、**楽天市場の店舗運営システム・RMS（Rakuten Merchant Server）で、店舗にアクセスされている検索キーワードを参考にする**といいだろう。自分の店舗がブランディングに成功しているネットショップであれば、検索キーワードのアクセス数のトップ10に、必ず店舗名やブランド名がランクインしているはずである。一方、店舗名によるアクセス数が少ない場合は、その店舗名が認知されていないということになるので、ブランディングの戦略がうまくいっていないことが推測される。店舗名が覚えづらかったり、楽天市場以外での露出が低かったりすることが、認知度の低下の要因として考えられるので、戦略を根本から見直す必要がある。

　なお、店舗名は、6ヶ月に1度変更することが可能である。オープン後に

数か月間様子を見て、その後にRMSで流入キーワードを検証し、最適なショップ名をチューニングしてみるのもいいだろう。

「**RMSのデータ分析**」→「**3 アクセス・流入分析**」→「**参照元・検索キーワード**」で、以下の画面が表示される。

RMS内の検索キーワード分析画面

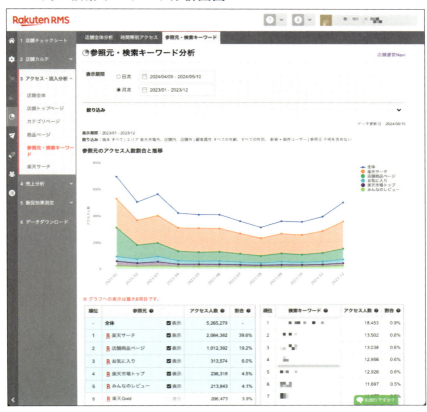

避けるべき店舗名とは

下記のような店舗名は、可能な限り控えたほうがいいだろう。

▶ 何を売っているのかわからない店舗名
【例】
・竹内商店
・清水ショップ

▶ 難しい漢字の店舗名
（読み方がわからないのでお客が店舗名を再入力することができない）
【例】
・美味しい饂飩 竹内屋
・驟雨のケーキ専門 SHIMIZU

▶ 英字の店舗名
（スペルがわからなくなる／店舗名が瞬時に理解できない）
【例】
・SHOHEI
・Brooklyn Special

▶ 造語の店舗名（覚えにくい）
【例】
・タケッチーニ
・将平丸

英文字や造語などの店舗名をつけたい場合は、ふりがなを振る

アパレルや雑貨を取り扱うネットショップで、ロゴのカッコよさや言葉の響きから、店舗名に英字や難解な漢字を使用する人も少なくない。しかし、

スペルを打ちまちがってしまったり、読み方が難解で覚えにくくなってしまったり、楽天市場では集客にマイナスになるケースのほうが多い。

どうしても英文字や造語の店舗名をつけたい場合は、ふりがなを振って対処するのが得策といえる。見た目はスッキリしないが、この施策によってお客が店舗名を覚えやすくなり、リピート率が改善することも多々ある。

【例】
・SHOHEI（ショウヘイ）
・饂飩丸（うどんまる）

お客がリピートしてくれる店舗名の作り方

集客力の高いネットショップの運営を目指すのであれば、インパクトに残る店舗名を意識してつけるのも一手である。かんたんなネーミング手法としては、「**意外性のある言葉と組み合わせる**」というのがおすすめである。

たとえば、「チョコレート」という商品名に「カフェ」「工房」というキーワードを組み合わせてもありきたりな名称になってしまうため、お客の印象に強く残らなくなってしまう。しかし、「チョコレート」という言葉とは絶対に組み合わせることのないキーワードをつなげると、意外性のあるネーミングになり、記憶にも残りやすくなる。

【例】
・チョコレート＋天国＝チョコレート天国
・チョコレート＋専門学校＝チョコレート専門学校

このような店舗名は記憶に残りやすく、なおかつ楽天市場内の検索にもヒットしやすくなり、リピート客や口コミを増やす販促につながる。

「セマンティック検索」によって変わる店舗名対策

2024年1月に発表された「セマンティック検索」とは、従来の検索キーワードにマッチした商品を検索結果に表示するだけではなく、AIがユーザーの意図を汲み取り、それに合った検索結果を表示する新しい仕組みのことである。たとえば、「お花見に着ていく服」と楽天サーチで検索すると、以前はそのフレーズが説明文の中に入っていなければ「検索結果：0件」となっていた。しかし、セマンティック検索が導入されることで、文章の意味を読み取るようになり、お花見に着ていけるようなカジュアルな服を、検索結果に表示してくれるようになった。

セマンティック検索の導入後、検索結果が0件というキーワードがなくなったことで、お客が効率よく欲しい商品にたどりつけるようになった。同時に、何も検索対策をおこなっていない商品ページが検索結果に露出するようになり、一部のネットショップではアクセス数が伸びているという報告も受けている。

しかし、セマンティック検索が導入されたからといって、ネットショップが楽天市場内の検索対策に力を入れなくてもいいというわけではない。AIが商品ページの商品名や商品説明文に含まれるキーワードを読み込んでいることには変わりない。対策を怠ってしまうと、意図しない検索キーワードで露出が増えてしまい、広告を出しても無駄に消化されることにもなるので、引き続き検索対策は徹底しておこなわなくてはいけない。

また、今までは「店舗名＝検索対象」だったため、店舗名で検索した場合は、自分の店舗の商品ページだけが検索結果に表示されていた。しかし、セマンティック検索がリリースされたことで、ほかのショップの商品ページも検索にヒットするようになり、店舗名による検索対策にも変化が出始めている。

売上が急激に落ちていたり、アクセス数が急伸していたりする場合は、楽天サーチで自社の店舗名を検索してみたり、抽象的な話し言葉で検索してみたりして、楽天市場の検索結果を再度検証してみる必要がある。

店舗名だけでなく、ロゴも重要

シンボルとなる店舗ロゴを活用することも、競合店舗との差別化になる。たとえば、楽天サーチの検索結果に表示される商品画像に独自のロゴを入れることで、ブランディング力を高めて、リピーターが商品を探しやすくすることが可能になる。

楽天市場のネットショップは、「ロゴタイプ」と「シンボルマーク」の2つを用意したほうがいいだろう。RMSのR-Cabinet（楽天市場の画像管理ツール）で設定できる「店舗ロゴ設定」で、次のように画像を登録することをおすすめする。

・**正方形ロゴ**　→　シンボルマーク
・**長方形ロゴ**　→　ロゴタイプ、もしくはシンボルマーク＋ロゴタイプ

シンボルマークとなる「正方形ロゴ」は、PCとスマホのトップページだけではなく、売上の大半を占めるスマホの商品ページの店舗名の左側に必ず

R-Cabinetの店舗ロゴの登録画面

表示される。それ以外にも、購入履歴や閲覧履歴、お気に入りのショップ一覧や、楽天市場のトップページの「最近チェックしたショップ」にも表示されるため、露出効果は極めて大きいといえる。ショップ内検索の画面にもロゴが大きく表示されるため、設定した後はスマホで確認し、必要に応じて再調整したほうがいいだろう。

一方、ロゴタイプは「長方形ロゴ」も楽天市場のトップページの閲覧履歴やお気に入り、もう一度購入、楽天スーパーDEALなど、さまざまな箇所に商品画像とセットで表示される。こちらも登録および再確認をおこなうことをおすすめする。

登録したロゴは、広告原稿として利用されるケースもある。そのため、素人が片手間で作ったロゴよりも、**お金をかけてプロのデザイナーに作り込んでもらったほうが、費用対効果が高い**といえる。

身近にロゴをデザインしてくれる人がいなければ、ランサーズやココナラなどの個人スキルのマッチングサイトで、デザイナーに発注してみるといいだろう。商品ページに貼り付けるだけではなく、梱包資材や同梱物、LINE公式アカウントなどでも活用すると、よりお客に覚えてもらいやすくなる。

楽天市場内の「最近チェックしたショップ」のページにはさまざまな正方形ロゴが表示される

ほとんどの人が見ていない楽天市場の店舗トップページ

店舗トップページを閲覧している人は10％以下

楽天市場のネットショップのページは、大きく分けて3種類ある。

・**店舗トップページ**（ネットショップの表紙）
・**カテゴリページ**（取扱商品が分類されているページ）
・**商品ページ**（商品を販売しているページ）

この3つの中で、「ちゃんとしたページを作らなくてはいけない」と強く意識してしまうのが、ネットショップの顔といえる「店舗トップページ」である。店舗の入口なので、見映えよく、手の込んだ店舗トップページを作るネットショップは多い。

しかし、楽天市場において、店舗トップページの重要度は非常に低いとい

店舗トップページ、カテゴリページ、商品ページ
（）はファッションストアでの例

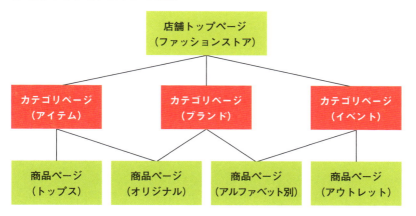

える。自店のRMSで「データ分析→3 アクセス・流入分析→店舗全体」の手順でネットショップの「店舗全体」と「トップページ」のアクセス数、ユニークユーザー数を比較すると、その事情をひと目で理解することができる。出店者が思っている以上に、ネットショップの店舗トップページを閲覧している人は少ないのである。約2,600店舗が加盟するECマスターズクラブのネットショップを調査したところ、楽天市場の店舗トップページは、アクセス数のうちの10%以下しか閲覧されておらず、ほとんど見られていないのが現状である。

　なぜ、ネットショップの顔といえる店舗トップページが見られないか。その理由は、多くのお客が楽天市場で「商品」を検索しているため、商品ページのみで閲覧が完結しているからである。

店舗トップページはレスポンシブデザインが主流に

　もう1つ、楽天市場の店舗トップページが見られなくなっている要因として、商品を購入する手段がPCからスマホに変わったことが挙げられる。現在、楽天市場のユーザーの約9割がスマホ、もしくはアプリから検索して商品を購入しているため、PCに比べて店舗トップページを閲覧することが億劫に感じるユーザーが増えてしまったのである。

　PCで買い物をする人が多い時代は、動きのあるスライドショーや自動更新されるキャンペーンバナーなど、手の込んだ見栄えの良い店舗トップページのほうがユーザーに支持されていた。しかし、今では、RMSで作成したシンプルなレスポンシブデザイン（PCとスマホが連動するデザイン）の「新店舗トップページ」のほうが、お客にも支持されて、なおかつGoogleの検索とも相性がいい。

　「新店舗トップページ」は、後述する「コンテンツページ」と同じ操作方法で利用することができて、トピックスやクーポン情報を自動で掲載することができる。また、公開スケジュールを設定したり、アクセス分析をしたりすることも可能なので、効率的に運用することができる。

店舗トップページよりも大切な「カテゴリページ」と「コンテンツページ」とは

Googleの検索で上位が取れる「カテゴリページ」

「カテゴリページ」とは、たとえばワインの場合、産地別や年代別などで分類して商品を並べたページのことである。お客に効率よく商品を探してもらうため、ショップ自らが作成できる独自のジャンルページのようなものである。

　以下のURLにて、店舗内カテゴリトップ（店舗のカテゴリ一覧ページ）を表示することができる。

https://item.rakuten.co.jp/ ショップURL/c/

「カテゴリページを見る人なんていないから、作り込んでも意味がない」

　そう思われる人がいるかもしれないが、カテゴリページのURLは商品ページと同じサブドメイン（item.rakuten.co.jp）で作成されているため、Googleの検索結果の1ページ目にランクインしているケースも少なくない。SEOで重視されるタイトルにカテゴリ名が設定されていることもあり、検索キーワードをカテゴリ名に挿入することで、Googleの検索経由でお客の流入を増やすことも可能になる。

　売上がトップクラスの楽天市場のネットショップは、カテゴリページを徹底して作り込んでいるケースが多いので、カテゴリページを新規で作る際は参考にすることをおすすめする。

GoogleのSEO対策ができる「コンテンツページ」とは

2024年7月にリリースされた「コンテンツページ機能」を使うと、セール

カテゴリページの例

やイベント情報のほか、FAQやお買い物ガイドのページを容易に制作することができる。このようなコンテンツを用いることで、ユーザーがストレスなく買い物ができるようになり、サイト内の回遊性をより向上させることが可能になる。

　コンテンツページの最大のメリットは、**HTMLを使用しなくても、PCとスマホの両方に対応したバナーやクーポン、ランキングページや商品レビューページを制作することができる**点である。カスタマイズの自由度には制限があるものの、非常に使いやすく、HTMLの知識がなかったり、デザインに自信がなかったりする人でも、容易に見栄えのよい画像コンテンツを制作することができる。外注費の圧縮や作業時間の短縮にもつながり、メリットは大きいといえる。

　コンテンツページでは「ターゲティング画像」というパーツを使用することで、新規ユーザーとリピーター向けに画像やコンテンツを出し分けることもできる。時間とスキルがなくてきめ細かいマーケティングを展開すること

コンテンツページの例

スマホでの表示

ができなかったネットショップにとって、ありがたい機能といえる。

　コンテンツページは、Googleの検索エンジンから高い評価を受けるドメイン「www.rakuten.co.jp」で制作されることもあり、集客面でも大きなメリットがある。今後のネットショップ運営で積極的に使用することをおすすめする。

　コンテンツページのイメージが湧かない人は、ほかのショップの事例を参考にするといいだろう。Googleの検索窓に以下のように調べたいキーワードと設定で検索すると、かんたんに事例を見つけることができる。

site:www.rakuten.co.jp/*/contents キーワード

【例】site:www.rakuten.co.jp/*/contents アレンジレシピ

楽天市場の店舗データ分析ツール「R-Karte」でパーツごとの表示人数、クリック数、クリック率を確認することができる

「ジャンル登録」よりも「サブジャンル登録」が重要な理由

サジェストキーワードから「ジャンル」を考察する

　楽天市場で商品を販売する際に必要なのが「ジャンル登録」である。登録するジャンルによって、検索結果で上位に表示されやすかったり、ランキングに入りやすくなったりするため、このジャンル登録の作業が楽天市場内SEOのキモとなる。

　楽天市場のネットショップの場合、売上規模の大きいジャンルに出店し、そこに流入してくるお客に商品を購入してもらうことが、最も効率よく売上を伸ばす方法になる。つまり、**売上規模の大きいジャンルを見つけることが、出店の際の重要なマーケティングリサーチ**ということになる。

　売上の規模の大きいジャンルを見極める方法は、「サジェストキーワード」によって把握することが可能だ。

　たとえば、「母の日 プレゼント」を検索ボックスに入力した場合、検索した時期にもよるが、以下のようにサジェスト（提案）キーワードとセットで表示される。

母の日 プレゼント　全てのジャンル
母の日 プレゼント　花・ガーデン・DIY
母の日 プレゼント　花・観葉植物
母の日 プレゼント　フラワーアレンジメント

　また、「全てのジャンル」で検索した場合、左メニューに売上規模の大きいジャンルから表示され、規模の小さいジャンルは「さらに表示」をクリックしなければ表示されない仕組みになっている。

　自店で取り扱う商品によって、登録するジャンルはさまざまだが、基本的には、**市場規模の大きいジャンルに商品を登録する**のが鉄則である。

楽天市場で「母の日　プレゼント」と検索した際に表示される
サジェストキーワード

「市場規模が大きければ、ライバルも多くて苦戦するのでは？」

　そう思う人も多いが、市場が大きいジャンルほどお客が多く流入して、売上を伸ばす可能性が高い。やはり狙うべきジャンルは「市場規模の大きいジャンル」ということになる。
　一方、最初からライバルが少なそうなジャンルに登録してしまうと、楽天市場の数億個の商品の中に埋もれてしまい、広告を使っても売れない可能性

左端の下の「ジャンル」のところに「花・ガーデン・DIY」「食品」「スイーツ・お菓子」「水・ソフトドリンク」「インテリア・寝具・収納」の次に「さらに表示」という言葉が表示されている。つまり、これらのサジェストキーワード以外のジャンルは、すべて市場規模が"小さい"ということになる。

のほうが高くなってしまう。

　これらの判断は競合の多さと見込み客の多さのバランスの見極めになってしまうところがあるが、**「ライバルが少ない＝売れる」という安易な考えは捨てるべき**である。ある程度、市場規模の大きいジャンルを狙わなければ、売れるネットショップにはならないことは、理解しておいたほうがいいだろう。

決めたジャンルでどんな商品を販売すればいいのか

　楽天市場には、売れ筋の商品がひと目でわかる「ランキング」というコンテンツがある。すべての商品のランキングだけではなく、ジャンルごとや、さらに下層のジャンルに絞り込んだランキングのほか、その時間におけるリアルタイムや、その日のデイリーのランキングなど、1000位まで調べることが可能である。

　どのような商品が売れていて、どのようなライバル商品があるのか調べることができるので、商品ジャンルを決める際は、まずはランキングを調べてから登録作業に入ることをおすすめする。特に「週間」や「月間」で売れ続けていて、レビュー件数が多い商品を参考にすると、どのような商品を取り扱えば楽天市場で売れるのか、大まかな目安をつかむことができる。

　ある程度、売りたい商材が決まっているのであれば、楽天サーチでジャンルを絞り込んだり、検索結果で上位に表示されていたりする商品を参考にす

楽天市場のランキングページ

るのも一手である。

　それ以外にも、外部の競合店舗の調査ツール「Nint」を使用することで、ジャンルごとの人気商品や人気ショップの売上推定値や販売量を調査することもできる。

https://www.nint.jp/

　最近では、「アリババ」や「タオバオ」など中国から輸入した商品を販売するネットショップも増えている。楽天で販売されている画像をGoogle クロームの拡張機能で検索すると、仕入れ元や価格を調べることも可能である。
　これからの楽天市場のネットショップ運営は、売りたい商品からジャンルを絞り込むのではなく、売りやすいジャンルの商品を事前リサーチし、販売価格や仕入れ値で勝てそうな商品を楽天市場で販売したほうが、高い確率で売れるネットショップを構築することができる。
　タオバオやアリババ、中国本土の企業でしか仕入れることができない1688などは、中国輸入代行サービスを利用すると日本語のみで仕入れることができる。

Nint

楽天市場だけでなく、AmazonやYahoo!ショッピングの競合店舗の売上データや販売数などの推定値を調査することができる。

なお、「Rakumart」は、1688と提携しており、その情報をもとに楽天やAmazonの売れ筋商品から売りたい商品を選ぶことができる。
　このようなツールを使うと、画像から商品の仕入れ価格まで調べることが可能である。

1688購入アシスタントプラグイン

Rakumart

▶「サブジャンル」の登録が重要な理由

　攻略するジャンルが決まれば、次にやるべきことは店舗をどの「サブジャンル」に登録するかである。サブジャンルとは、取扱商品のジャンルを掘り下げたもので、たとえばメインの商品ジャンルが「インテリア・寝具・収納」の場合、サブジャンルはその下位層にあたる「寝具」となる。また、「レディースファッション」がメインの商品ジャンルであれば、サブジャンルは「トップス」になる。

　店舗サブジャンルは、楽天市場に出店する際だけでなく、出店後でも、1つだけ指定することができる。

　商品を登録するサブジャンルとは別に、ショップとして登録するサブジャンルもある。"サブ"と言われるだけあって、重要視していない店舗も多いが、じつは==ショップとして登録するサブジャンルは店舗分析に大きな影響を与える==ため、重要な登録項目になる。

　たとえば、RMSの中には、ほかの店舗の売上データと比較することができる「サブジャンルTOP10平均」という機能がある。ここでは自店が登録しているサブジャンルの上位トップ10のネットショップの平均売上が公開

「サブジャンル」はさらに絞り込んだ商品の分類となる

店舗サブジャンルは出店後でも指定することができる

店舗所属ジャンル変更依頼	
店舗名(url)	
依頼日	2024年 11月 19日
担当者 【必須】	<半角255文字以内>
メールアドレス 【必須】	<半角255文字以内>
連絡先電話番号 【必須】	<半角255文字以内>
現在の所属ジャンル	医薬品・コンタクト・介護---介護用品
変更後の所属ジャンル 【必須】	百貨店・総合通販・ギフト--------百貨店 百貨店・総合通販・ギフト--------総合通販・ディスカウント 百貨店・総合通販・ギフト--------贈答品・ギフト 百貨店・総合通販・ギフト--------輸入雑貨 百貨店・総合通販・ギフト--------スーパー 花・ガーデン・DIY---------ガーデニング・農業 花・ガーデン・DIY---------エクステリア・ガーデンファニチャー 花・ガーデン・DIY---------DIY・工具 花・ガーデン・DIY---------木材・建築資材・設備 花・ガーデン・DIY---------花・観葉植物

されており、その売上と比較して、自店だけ売上が落ちているのか、それとも、そのサブジャンルの上位店舗の売上が落ちているのか、マーケット全体の様子を伺い知ることができる。自店の売上だけが落ちているのであれば、商品や広告運用に何かしらの問題が発生している可能性があるし、トップ10のネットショップの売上も同時に落ちているのであれば、そのサブジャンル全体の消費トレンドが落ちていることになるので、打ち手は限られることになる。このように、サブジャンルの登録はマーケット全体と自店の立ち位置を把握するうえで、非常に重要な指標となる。

このサブジャンルの登録をまちがえてしまったり、取り扱い商品が変わっているのに出店当時のサブジャンルのままで登録してしまったりしていると、誤ったデータを抽出し、店舗分析でブレが生じてしまうことになる。

もちろん、取扱商品の多様化によって、サブジャンルのトップ10平均が正確な数字を導き出しているとは一概に言いにくいところもある。しかし、ネットショップを運営するうえで、自社の商品の売れ行きを客観的に判断す

るためには、やはり正確にサブジャンルに登録する必要がある。多種多品目の商品を取り扱っている場合は、ジャンルIDが多い店舗サブジャンルに登録して、可能な限り正確なデータを抽出できるよう、登録作業をおこなったほうがいいだろう。

　もう1つ、店舗の所属ジャンルへの登録が重要な理由として、毎月、楽天市場の売上が好調な店舗に贈られる**「ショップ・オブ・ザ・マンス」が受賞しやすくなる**点が挙げられる。ショップ・オブ・ザ・マンスはジャンルごとに与えられるため、ジャンルの登録を戦略的におこなえば、ショップ・オブ・ザ・マンスを受賞して、店舗のブランド力や信頼性を高めることにつなげることができる。

　店舗の所属ジャンルはRMS内で変更依頼をかけることができるため、取り扱い商品を変えたり、販売している商品に最適なサブジャンルに切り替えたりしたい場合は、臨機応変に対応することをおすすめする。

「**RMSの店舗様向け情報・サービス**」→「**各種申請・設定変更**」→「**店舗所属ジャンル変更依頼**」

という手順で確認し、変更を申請することができる。

売れる商品ページづくりのコツ

売れる商品ページは売れている店舗から学べ

　複数のジャンルが対象となる商品を取り扱っている場合、そのジャンルにあわせた商品ページを制作する必要がある。

　たとえば、スニーカーを販売するネットショップの場合、靴のジャンルの中には「レディース靴」と「メンズ靴」が存在し、さらには「キッズ・ベビー・マタニティ」や「スポーツ・アウトドア」にも販売できるジャンルの商品が存在している。それぞれのジャンルで販売する場合、性別、年齢、テニスやゴルフなど目的も異なるため、商品ページでもそれにあわせて適切な人物モデルや商品写真を用意する必要がある。

　しかし、この「適切なモデルや写真を用意して商品ページを作る」というのが、経験の浅いネットショップの運営者にとって非常に難儀な作業になる。自社の商品を販売するために必要な情報や写真を把握し、それを収集して商品ページに落とし込むためには、ある程度の経験値が必要となる。

　もし、自力で売れる商品ページの作り方を学習するのであれば、すでに楽天市場に出店していて、売上が好調なネットショップのページを参考にするのが得策といえる。具体的なリサーチ方法としては、楽天市場で検索をして、左側に表示されるジャンルで絞り込み、検索上位に表示されているレビュー数が多い商品ページや、ランキングで検索して、**「週間」や「月間」で売れ続けている商品ページをチェックする**と、楽天市場で最新の"売れるページ"を参考にすることができる。

　注意しなくてはいけないことは、相手の商品ページの要素を"丸パクリ"してはいけないという点である。ネットショップの運営者が苦労して作り上げた商品ページを、画像からキャッチコピー、商品説明文まで、すべて丸パクリして制作してしまうことは、人としての道義に反するのはもちろん、商法や会社法、不正競争防止法にも抵触する行為になってしまう。裁判に発展

するケースも多々あるため、競合店の商品ページを参考にする際は、**人間としてのモラルと、売れているネットショップへのリスペクト、そして細心の注意を持って対峙する**必要がある。

楽天市場のお客は「比較して買っている」

楽天市場で売上が低迷しているネットショップには、「競合店を研究していない」という共通の問題点がある。「売れているネットショップを参考にしなさい」と何度アドバイスしても、返ってくる答えはだいたい同じである。

「自分には自分の売り方がある」
「参考にしろと言われても、何を参考にすればいいのかわからない」
「自分たちには、あんなクオリティの高い商品ページを作ることはできない」

このような"言い訳"は、残念ながら楽天市場のネットショップの運営には通用しない。なぜならば、楽天市場は常にお客が他店の商品ページと比較しながら買い物をしており、競合他社の商品ページよりも「上」に行かなければ売れない売場だからである。

たとえば、長財布が欲しくて、楽天サーチで「長財布」と検索している人がいたとする。その人は、検索結果に出てきた長財布を上から順にクリックして、商品ページを見ながら価格や商品の品質を比較し、「この商品が一番いい」と思ったものをカートに入れていく。

つまり、楽天市場のお客は「どの商品がいいかな？」という心境で商品を探しに来ているわけであり、たくさんの商品の中から、より自分に適した商品を購入したいために楽天市場に買い物に来ているのである。

自分のネットショップの商品ページだけを見て買うケースはほとんどなく、ほかのネットショップと比較しながら商品を購入している。必然的に、**競合店舗に見劣りする商品ページでは売れなくなってしまう**のである。

売れている商品を、できるだけ長期間に渡って売り続ける

楽天市場の検索結果の「楽天サーチ」や、売れ筋の商品が公開されている「楽天ランキング」の表示順位は、販売個数に比例するアルゴリズムが組まれている。売れている商品になればなるほど、検索結果やランキングでの露出が上がる。一方で、売り始めたばかりの商品や、売れ行きが鈍い商品は、お客の目に触れにくくなってしまう。

この仕組みを理解すると、たとえば、商品が新しい型に切り替わるタイミングで、今まで使用していた商品ページを削除してしまうことは得策ではないことが理解できる。せっかく楽天サーチや楽天ランキングで上位表示をキープしていた商品ページを消滅させてしまうことは、自ら集客経路を絶ってしまうことと同じ意味になってしまう。

極論を言えば、楽天市場のネットショップの仕事は、ひたすら「売れ続ける商品ページ」を作ることであり、トータルの販売個数を稼ぐことによって、楽天サーチや楽天ランキングからの流入を増やすことである。このような**店舗の柱となる商品ページを何本作ることができるかが、ネットショップ全体の売上を左右することになる**のだ。

売れている商品ページのほうが検索やランキングで上位に表示されるからといって、そのページを使って別の商品を販売することは、楽天市場ではご法度となっている。しかし、中には機能性や性能のグレードアップによるマイナーチェンジで、同じ商品ページを流用しているケースも散見される。

楽天市場で売上を伸ばすことを意識するのであれば、まったく別の商品を開発して新しい商品ページで販売するよりも、既存で売れている商品を最小限のリニューアルに留めて、できるだけ長期間に渡って同じ商品ページで売り続けるほうが、高い売上をキープし続ける戦略といえる。

「これを買ったらまちがいない」という商品ページは必ず売れる

もう1つの施策としては、「これを買ったらまちがいない」という商品ページを作ることである。

たとえば、防災グッズを販売する場合、防災関連の商品をバラバラにして販売してしまうと、お客が頻繁に利用する商品ではないため、何を買ったらいいのかわからず、商品ページにたどりついても購入せずに離脱してしまうことになる。しかし、

「**防災グッズ20点セット**」
「**防災士監修**」

などのキャッチコピーが入った商品ページを作れば、お客は直感的に購入するべき商品だと理解してくれるので、商品を購入してもらえる確率を上げることができる。

　このような「これを買ったらまちがいない」という販売方法を身につけることができれば、レビューが分散されることがなくなり、楽天サーチや楽天ランキングで上位に表示される商品ページを作ることができるのである。

悩みごと解決型の商品ページを作る

　楽天市場はGoogleの検索結果から流入してくるお客が多く、Googleのサジェストキーワードから「お悩み解決型」の商品ページを作ると買われやすくなる傾向がある。

　たとえば、Googleで「バレンタイン　義理チョコ　個包装」というサジェストキーワードがあった場合、この言葉を参考にして、バレンタインの義理チョコを個包装にした商品ページを作ると、Googleの検索結果から楽天市場に見込み客を集める流れを作ることができる。実際、Googleで「バレンタイン　義理チョコ　個包装」と検索すると、楽天サーチのページがGoogleの検索結果で1位に表示されるため、楽天市場への店舗への集客を期待することができる。

　つまり、Googleで「バレンタイン　義理チョコ　個包装」というキーワードで検索している人は、「バレンタインの義理チョコで個包装のものはないか？」と"悩みごと"を抱えていることを意味しており、その悩みごとを解

Googleで「バレンタイン　義理チョコ　個包装」と調べた際の検索結果。楽天市場のサイトが上位に表示される

決できる商品ページを作ることができれば、お客に購入してもらう確率を上げることができるのである。

　さらに、義理チョコであれば、職場に持っていく可能性が高いので、常温で保存できること、個数を選べることをアピールすれば、競合の義理チョコと差別化を図ることもできる。また、個包装の大きさや、メッセージカードを添えた渡し方の事例写真などを商品ページに掲載すれば、購入に対して前向きな気持ちを持ってくれるお客が増えるかもしれない。

　検索キーワードから推測する「悩みごと」を解決させる商品ページを作ることができれば、悩みから解放されたい気持ちからカートに商品を入れてくれたり、価格に関係なく購入してくれたり、商品ページのコンバージョン（転換率）を上げることができるのである。

組み合わせ販売を活用して客単価アップ

　客単価をアップさせる方法の1つとして、「組み合わせ販売設定機能」を活用した商品ページを作るのも一手である。組み合わせ販売設定機能とは、1つの親商品に対して、最大3つまでの小商品を組み合わせて販売できるものである。1つの商品ページに対して、2つの組み合わせまで表示させることが可能だ。

　しかし、プルダウンなどで利用される項目選択肢や、後述するマルチSKUに対応した商品ページでは小商品として登録できないことから、多くの店舗では利用されていないのが現状である。家電の延長保証や有償のラッピング、大型家具の設置費用、革製品のお手入れ用品など、**ついで買いしてもらうために低単価の商品を設定する**のがおすすめといえる。

　なお、小商品単体で注文を受け付けたくない場合は、その商品だけを楽天サーチに表示させない設定にすることができる。

　また、組み合わせ販売設定機能には、組み合わせ販売APIが提供されており、ECマスターズクラブでも一括で組み合わせ販売を登録・更新できるツールを提供している。複数の商品で販売設定機能を使用したい場合は、ぜ

組み合わせ販売の事例（左がPC画面、右がスマホ画面）

スマホ画面

ひ活用してもらいたい。

「松竹梅」でより売れるようにする

　商品ページを作る際には、「松竹梅の法則」も理解しておく必要がある。松竹梅とは、商品の量や質などに応じて3種類の商品を用意しておくことである。「松」が一番良い商品で、「竹」が二番目、「梅」が三番目の商品となる。これら3つの商品を同時に販売すると、**全体の注文数の約2割が「松」、5割が「竹」、3割が「梅」**と、売上が分散すると言われている。

　ネットショップの中には、この「松竹梅の法則」を活用して、3パターンの商品やパッケージ、同梱物、オプションを組み合わせて商品ページを作成し、客単価を上げている事例がある。

　松竹梅の法則を利用して商品を販売する際は、プライシングに気をつける必要がある。一般的には、**「6：4：3」を目安にする**といいと言われる。た

松竹梅の3パターンを用意する

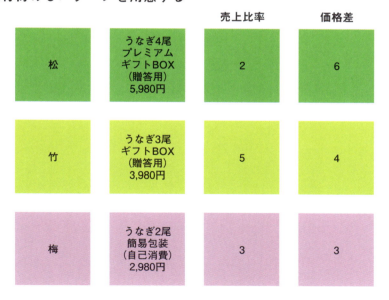

とえば、真ん中のグレードの「竹」を3,980円に設定した場合、高いグレードの「松」を5,980円、下のグレードの「梅」を2,980円にすると、お客に商品の価格帯とお得感が伝わりやすくなり、3つのグレードがまんべんなく売れるようになる。

　松竹梅の法則は、自己消費だけでなく、ギフト品の販売でも活用することができる。たとえば、誕生日や母の日のプレゼントは、安すぎると失礼にあたることもあるし、逆に高すぎると相手を困らせてしまうこともある。そのようなケースを想定して、あらかじめ3つのグレードの商品を用意しておくと、ニーズにあわせてお客が選択し、購入してもらう流れを作ることができる。

転換率を上げるために必要な商品ページのレビュー対策

　商品ページの転換率を上げるためには、お客の感想の「商品レビュー」を増やす必要がある。レビュー件数が「0件」だとまったく売れていない商品だと勘ぐられてしまうため、購入を躊躇してしまう要因にもなってしまう。

　レビューの集め方の具体的な方法は第4章でくわしく述べる。ここでは、レビュー対策の基本的な戦略と注意点について解説したい。

レビューを書いてもらうために "オマケ"の商品を提供する

　まず理解しなくてはいけないことは、ネットショップ側から積極的なアクションを起こさなければ、お客はレビューを書いてくれないという現実である。つまり、レビューを増やすためには、お客に「お願いする」というのがスタンダードの戦略となる。

　ただし、お願いするとしても、お客にメリットがなければ、「レビューを書く」という面倒な行動を起こしてもらえない。多くのネットショップが次回の購入時に使用できるクーポンをプレゼントして、なんとかメリットを打ちだそうとしているが、レビューを書いてもらうための背中押しには至っていないのが現状である。

　もし、レビューをしっかり集めて、売れる商品ページを作りたい場合は、多少のコストがかかったとしても、**"オマケ"の商品を提供する**ことをおすすめする。お客の立場で考えると、クーポンは使わなくても損はしないが、オマケはもらわなければ損をすることになるので、レビュー集めの施策としてはオマケの商品のプレゼントのほうが効果的な施策になる。

　たとえば、電動モップを販売した際に、レビューの投稿で交換用のモップがもらえるという特典をつければ、そのモップを長く愛用したいお客は、高い確率でレビューを書いてくれるはずである。そのような購入者に対しての明確なメリットを提示したほうが、お客は前向きなレビューを書いてくれる

し、確実にレビューの数を増やすことができるので、短期間で売れる商品ページに昇華させることができる。

なお、**レビュー数が多く、評価も高い商品ページは、転換率が高いので、可能な限り消さずに使い続ける**のが得策といえる。この事情を理解していないと、商品の在庫が切れたと同時に商品ページを削除してしまい、売上を急速に落としてしまうことになる。

レビューのある商品ページで、再度販売できる可能性がある商品の場合は、削除せずに倉庫に入れておくことをおすすめする。

レビューのガイドラインに違反せずにレビューを増やす方法

最近、楽天市場の店舗に対して、レビューの投稿を代行する営業が横行しているが、そのようなサービスを利用する行為はペナルティの対象になるので注意が必要である。楽天市場のレビューに関するガイドラインの「店舗関係者」の項目には、店舗の役員および従業員、委託先、提携先、家族、友人その他店舗と利害関係のある第三者と明記されているので、レビューに関す

レビュー特典プレゼントの例

る怪しいサービスの誘いには乗らないことが賢明である。

　また、他店への嫌がらせの投稿についても禁止されており、違反点数80点と非常に重い罰則を受けることになる。

　なお、「レビューを書いてくれたら送料無料にします」などの**購入する前にレビュー投稿を約束する特典は禁止行為**となる。一方、商品の発送、およびレビュー投稿の確認後に付与できる特典に関しては、楽天市場の規約として認められている。

　効率よくレビューを増やすのであれば、EC支援会社グリニッジの「らくらくーぽん」というサービスがおすすめである。

https://coupon.greenwich.co.jp/

　お客のもとに商品が到着したタイミングでレビューの記載を促すフォローメールを自動で送ることが可能で、レビュー記載後に自動でクーポンを送付

らくらくーぽん

することもできる。プレゼント送付など独自キャンペーンにも対応すること
ができるので、煩わしいレビューの管理が不要となる。楽天ショップ・オブ・
ザ・イヤー 2024受賞68店舗を含む5,200店舗以上が「らくらくーぽん」を導
入している。レビューを集めて、さらに販売力のある商品ページを作りたい
ネットショップは一考してみるといいだろう。

必ず押さえておきたい
SKU必勝法

2023年から移行が始まったSKUプロジェクト

楽天市場では、今まで1つの商品ページでカラーやサイズなどが選べる選択肢を縦軸と横軸で20項目まで登録することが可能だったが、同一価格の商品しか販売することができなかった。しかし、2023年から移行が開始された「SKUプロジェクト」により、同一商品ページで最大6項目（カラーやサイズなど）に対して各40の選択肢（S、M、Lなど）が登録できるようなり、さらに項目と選択肢の組み合わせごとに個別の価格設定をすることが可能になった。

これにより、今まで価格が異なるために別々の商品ページで販売していた商品を1つの商品ページで販売できるようになり、販売実績やレビューをまとめることで、検索対策にも取り組みやすくなった。Amazonの「バリエーション登録」という価格の異なる単一の商品ページをまとめる機能と同様のものである。

なお、項目や選択肢を利用しない、1商品1ページのものは「**シングルSKU**」と呼ぶ。最大6個の項目と最大40個の選択肢を組み合わせて最大400パターンで販売するものは「**マルチSKU**」と呼ぶ。

マルチSKU（まとめ商品）にすべきか、シングルSKU（単一商品）で登録すべきか

「マルチSKUにまとめたほうがいいのか？　それとも、シングルSKUでバラバラに登録したほうがいいのか？」

そのような質問をよく受ける。ネットショップの運営スタイルや商材によるので、明確な"正解"はないのだが、マルチSKUにすべきなのは次の2つの場合が目安といえる。

シングルSKUとマルチSKU

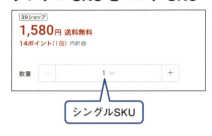

▶ ①購入するターゲットが同じであれば、まとめる

　別々の商品ページで商品を購入するターゲットが同じであれば、「まとめるべき」といえる。たとえるなら、寿司屋の松竹梅のコースや、牛丼の特盛、大盛、並などをイメージしてもらうとわかりやすいだろう。

　一方、購入するターゲットが同じではない場合、たとえば性別（男性か女性）や年齢（大人か子どもか）が異なる場合は、商品のジャンルが異なるため、まとめるメリットはないといっていい。

　数量についても、1個や3個、5個まではいいが、100個など明らかに業者しか購入しないであろう数量は、異なるページで作成したほうが得策といえる。

【例】
・マグカップ 1個/3個/5個　→　まとめてもOK
・マグカップ 100個セット　→　まとめないで別ページを作成

　ちなみに、以下の事例では、216通りからセレクトできるオーダーメイドの枕をまとめて販売している。マルチSKUの活用は、アイデア次第である。

「枕と眠りのおやすみショップ！」の事例

▶ ②商品画像1枚目でまとめた商品を十分に訴求できないのであれば、バラバラにする

　マルチSKUの商品ページは、2024年11月現在の楽天サーチの結果には1商品しか表示されないため、検索ヒット率も低下してしまう。さらに、楽天サーチに用意されているナビゲーションでカラーやサイズなどの項目を選択しない限り、SKU画像が検索結果に表示されないことがほとんどである。そのため、**商品画像1枚目でまとめた商品を十分に訴求できない場合は、別ページで作成したほうがいい**。

　たとえば、海鮮セット5点と7点、10点では、イクラやウニがあるかないかなど、SKU画像で訴求できたとしても、検索で表示される商品画像1枚目では伝えることが難しい。このようなケースは、先述したように別ページにして商品を販売したほうが、違いを明確に伝えることができて、お客を誘導しやすくなる。

マルチSKUで意識すべきSEOの注意点

　注意してほしいのは、楽天のSKUでは、Amazonのバリエーション登録と違い、SKUごとに商品名を登録することができない点である。マルチ

SKUでは最大400種類の商品を扱えるが、商品名の文字数は1商品ページと変わらず全角127文字という制限は変わらない。そのため、サイズなどの種類が多い場合など、表記を省略してしまうケースが散見されるが、そこは検索にヒットする形で丁寧に表記しなければならない。

たとえば、「ねぎとろ」を100gと500g、1kgで異なる量の商品ページで販売する場合は、楽天サーチで「ねぎとろ 100g」「ねぎとろ 500g」「ねぎとろ 1kg」と検索する人がいるので、

ねぎとろ 100g/500g/1kg

と商品名に記述し、検索キーワードとして「ねぎとろ 500g」と検索された時に、楽天サーチの検索スコアに加点される対策が必要になる。

一方、以下の3つの事例のようなことはやってはいけない。

▶ ①「ねぎとろ100g」のページに、500gと1kgのページをまとめ、商品名を変えない

このケースだと「ねぎとろ500g」「ねぎとろ 1kg」のキーワードの検索にはヒットするものの、商品名に「500g」「1kg」が記載されていないため、検索スコアが加点されない。また、商品画像は100gのもので実際と異なるため、クリックもされにくくなり、売上にもつながらなくなる。

▶ ②数量の範囲を「〜」で表記する

SKUのガイドラインには、必ず最安値のSKUの仕様を含む形で記載することが求められているが、以下のような商品名の記載方法はおすすめしない。

ねぎとろ 100g 〜 1kg

「ねぎとろ 500g」という検索キーワードの場合、商品名に500gが記載されておらず、検索スコアが加点されないのは明白といえる。

▶ ③数量をスラッシュで区切って、最後にだけ単位をつける

こちらの表記方法は、一見すると正しいように見えるかもしれない。

ねぎとろ 100/500/1000g

しかし、「うなぎ 100g」や「うなぎ 500g」で検索された場合、100g や 500g と g（グラム）が記載されていないため、完全一致のキーワードとしては認識されない。セマンティック検索によりヒットする可能性はあるものの、上位表示の対策としては NG となる。

ここまでの例を表に整理した。

マルチ SKU はユーザーが検索するキーワードを意識して、丁寧な検索対策を心がけなくてはいけない。

検索対策における表記の比較

表記	検索にヒットする可能性	理由
ねぎとろ 100g/500g/1kg	○	「100g」「500 g」「1 kg」のキーワードでヒットする
ねぎとろ 100g ※マルチ SKU で500g など販売している場合	△	ヒットするが商品名が「100g」となっているため「500g」「1kg」を買いたい人にはとったらわかりにくい
ねぎとろ 100g 〜 1kg	×	「500 g」でヒットしない
ねぎとろ 100/500/1000g	×	「100 g」「500 g」でヒットしない

SKUの画像もしっかり作り込む

　SKUの画像にも注意が必要である。たとえば、楽天サーチで「ねぎとろ」と検索した後、左メニューのナビゲーションから

総重量（水産物）
500 〜 999g

を選択した場合、商品画像1枚目ではなく、500 〜 999gに該当するSKUに登録したSKU画像が検索結果に表示される。このため、SKU画像も、共通の1枚目の商品画像同様に、写真背景やテキスト要素を含めて、しっかりと作り込む必要がある。
　SKU画像では個包装の画像だけしか載せないケースをよく見かけるが、それではベネフィット（手に入れた後に得られる結果）が伝わらず、売上に

SKU画像を作り込んでいる例

はつながらない。商品画像と同様、美味しそうなシズル感のあるイメージ写真やショップロゴを入れて訴求しなくてはいけない。

前ページにある例では、ユーザーがカラーで「ブラック」を選択し、「ブラック」のSKU画像が表示されているため、商品のイメージが湧きやすくなっている。

SKUのまとめ方についてはガイドラインが用意されており、NGの事例も含めてくわしく解説されている。SKU画像に関しても「商品画像登録ガイドライン」が適用されるので、違反しないよう注意が必要である。

column

送付する商品に同梱するチラシをひと工夫

楽天市場で商品を購入すると、ペーパーレス化を意識しているのか、納品書すら入っておらず、商品だけが届くことが多い。商品の使い方や返品、交換については、QRコードを記載したカードを入れているだけの店舗も少なくない。

楽天市場のお客は、商品を購入した後、どこの店舗で購入したのか覚えていない可能性が高い。食品は食べてしまえば何も残らず、アパレル品は、ブランドのタグがついていなければ、どこの店舗で買ったのかも思い出すことができない。

ネットショップの運営者には、「**商品は100％開封されるDM**」という意識が必要である。投函されたダイレクトメールは100％開封されることはないが、自分で注文した商品であれば、ダンボールを開封して商品を取り出す確率は100％に近いはずである。そう考えれば、そのダンボールに商品だけではなく同梱物を入れることは、"100％開封されるDM"を送付していることと同じ意味になる。商品に同梱するチラシで、商品の利用方法のほか、レビュー投稿の案内や、LINE公式アカウントの友だち登録を条件としたクーポンプレゼントなどをアピールすることは、売上アップの有効な施策になる。

なお、楽天市場では自社サイトの広告宣伝チラシを同梱することは

違反点数の加算対象になるが、**楽天市場のURLと併記する形で自社サイトURLやSNSアカウント、実店舗の案内やイベント情報を記載する**程度であれば、違反点数の対象にはならない。

　ネット通販の同梱物には、まだまだ工夫の余地がある。売れているネットショップで実際に商品を購入し、どのような同梱物を入れているのかチェックしてみるといいだろう。

同梱するチラシの例

第 **3** 章

売上アップに欠かせない 楽天市場と Google の 検索エンジン対策

これまでも店舗名やジャンル登録などの施策による「楽天市場内SEO」について述べてきたが、ここではさらに詳細な対策を解説する。楽天市場の商品検索「楽天サーチ」が、どのようなロジックで商品ページを上位に表示させて、どうすればお客に商品を買ってもらえるのか、仕組みを理解することができれば、楽天市場のネットショップ運営の基礎はマスターできたといっても過言ではない。

「楽天サーチ」と「Google」の関係性を理解する

楽天市場への流入はGoogleの検索経由が7割

　楽天サーチの検索結果で上位表示を狙う楽天市場内SEOを理解するためには、まず楽天市場とGoogleの関係性から理解する必要がある。

「多くのユーザーは楽天市場のトップにある検索窓に欲しい商品のキーワードを入力し、検索結果から商品を探して、購入している。Googleの検索から流入してくるお客は、そんなに多くはないだろう」

　そう理解しているネットショップの運営者がほとんどといってもいい。実際、RMSを覗くと、ネットショップへの流入を示す「楽天サーチ経由」の割合が最も多く、楽天市場の検索窓に欲しい商品を入力している人の多さを実感することができる。

　しかし、弊社の調査によると、**「楽天サーチ」の検索結果にたどりつく約7割の人が、Googleの検索結果（Googleの検索エンジンを利用するYahoo! JAPANも含む）で上位表示された楽天市場の検索結果ページ経由で流入している**ことが判明している。

　なぜ、Google経由のお客がこれだけ多いのに、RMS上では「楽天サーチ経由」という結果になってしまうのか。このあたりをもう少しくわしく解説したい。

　たとえば、Googleで「母の日　カーネーション」と検索した場合、検索結果のトップに表示されるのは、楽天市場の『【楽天市場】母の日　カーネーションの通販』の検索結果のページである。

　このGoogleの検索結果の上位に表示された楽天市場のページをクリックして、楽天市場の「母の日　カーネーション」の検索結果にお客が流入し、楽天市場は見込み客をサイトに呼び込んでいるのである。

Similarweb（https://www.similarweb.com/）を使用して調査したところ、楽天サーチにたどりつく約7割はGoogleの検索結果経由であることが判明

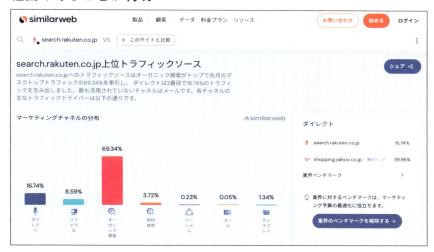

　つまり、楽天市場のトップページの検索窓に「母の日　カーネーション」というキーワードを入力し、その検索結果からお客が流入しているのではなく、**GoogleやYahoo! JAPANの検索窓でキーワードを入力し、情報収集をしたり、検討したりする段階で、検索結果の上位に表示された楽天市場のページをクリックして、お客がネットショップに来ている**のが、実際に起きている消費行動なのである。

集客の流れを考えれば、改めて「ジャンル登録」の重要性が浮き彫りになる

　商品ページを見に来る人は、Googleの検索から楽天市場に流入してくるお客であり、そのGoogleの検索結果の上位に表示されるのが「楽天市場の検索結果」である以上、ネットショップがやるべき施策は

「楽天市場内の検索結果に表示されるジャンルで、いかに上位に表示させるか？」

「母の日　カーネーション」で調べた Google の検索結果

楽天サーチの「母の日　カーネーション」の検索結果

という楽天市場内SEOになる。

　どのジャンルに商品を登録し、どのようにそのジャンル内で上位表示させるかが楽天市場内SEOの基本戦略である。ジャンル対策をおろそかにしてしまうと、集客に苦戦して、商品ページにお客を流入させることができなくなってしまう。第2章の商品ページづくりの項目で、ジャンル登録の方法についてくわしく解説しているので、再度、ジャンルの登録方法などの施策を読み込んでもらいたい。

　楽天市場内SEOの施策を展開する前に、Google検索から楽天市場のネットショップにお客がしっかり流入しているかどうかを確認する必要がある。

　RMSでネットショップに流入してくるキーワードを調べたうえで、再度Googleの検索窓にも同じ検索キーワードを入力し、検索結果の上位に楽天市場のページが表示されていれば、「Googleで検索→楽天市場の検索結果ページに流入→楽天市場の商品ページに流入」という集客の流れは確実と言っていいだろう。

Googleで検索→楽天市場の検索結果ページに流入→楽天市場の商品ページに流入

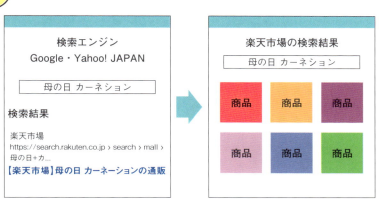

一方、この手順で調査して、Google の検索結果に楽天市場のページが上位表示されていなければ、そのキーワードでお客を集客するのは難しいことになる。商品キーワードに沿ったジャンルにしっかり商品を登録していなければ、Google からお客が集客できないだけでなく、楽天サーチにもヒットしないので、結果的に店舗に集客できないということになってしまう。

つまり、**トップページや商品ページを作り込む前に、まずは商品のジャンル登録を確実におこない、そのうえでジャンルごとに集客できる商品ページを構築する**ことのほうが、楽天市場内 SEO で重要な施策になるのである。

もし、どのようなジャンルに、どのようなキーワードを仕込めばいいのかわからない場合は、類似商品を取り扱っている売れているネットショップを参考にすることをおすすめする。楽天市場の検索結果で上位に位置しているネットショップの多くは、ジャンル登録の対策を徹底しておこなっている。複数のジャンルへの登録方法やキーワードの選定の施策が参考になるはずだ。

なぜ、楽天市場の「商品ページ」は Google の検索結果の上位に表示されにくいのか？

ここで1つ疑問に上がってくるのは、楽天サーチの検索結果のページは Google で上位表示されるのに、楽天市場のネットショップの商品ページは検索結果で上位表示されない点である。

じつは、楽天市場の商品ページは、Google の検索エンジンと相性が悪い。難易度の高い Google の SEO の話をしてしまうと逆にわかりづらくなってしまうので、ここではざっくりと簡潔に説明する。

Google の検索エンジンがページの要素として重視しているのが「タイトルタグ」と呼ばれる、いわゆる "名札" のようなものである。楽天市場の商品登録の際の項目でいえば「商品名」に書き込むテキスト文が、このタイトルタグにあたる。

Google の検索エンジンは、このタイトルタグに含まれるテキスト文を頼りに、検索キーワードと同じ言葉なのか、類似の言葉なのか、関連する言葉なのかを判断し、検索順位を決定している（もちろん、タイトルタグ以外の要素も含めて総合的に判断している）。

このタイトルタグの言葉が長い文字の羅列であったり、コロコロと書き換えられたりすると、"名札"がわかりにくくなり、「このページを検索結果で上位表示させるのは止めたほうがいいだろう」と判断され、検索結果で上位に表示されにくくなってしまうのである。

　しかし、店舗側はGoogleの検索エンジンの事情など知る由もない。当然、タイトルタグの役割をする「商品名」のテキスト文は自由気ままに変えてしまう。検索でヒットされそうなキーワードを闇雲に挿入したり、楽天スーパーSALEなどのイベント時に「今ならポイント10倍」などの文言を書き足したりしてしまう。

　そのため、楽天市場の商品ページがGoogleの検索結果の上位に出てくることが稀になってしまい、**Googleの検索結果の上位に楽天市場のページがヒットする場合は、ほとんどがタイトルタグを変更しない、楽天市場が制作した「検索結果」のページになってしまう**のである。

　なお、Amazonでは、商品名のガイドラインを守ることが厳しく求められており、従っていない商品は検索対象外となってAmazonの検索結果に表示されない場合がある。楽天でも商品名登録ガイドラインが2017年9月に制定されたものの、ガイドラインを守ることで売上が下がる可能性もあるため、違反点数の対象にならないまま運用され続けている。

　このように楽天市場とAmazonでGoogleに対する商品ページの検索対策の事情が異なるため、それぞれのサイトで売れる商品に違いが出てしまうのである。

Google検索では【楽天市場】商品名：店舗名と表示される

楽天市場内SEOの徹底攻略法

広告よりも楽天市場内SEOが圧倒的に大事な理由

　楽天市場の攻略は、「楽天サーチでいかに上位を取るか？」が基本戦略になる。先述したように、多くのお客はGoogleの検索結果から楽天サーチに流入し、そこから商品を探して、ネットショップの商品ページに入ってくるからだ。

　極論を言えば、楽天市場内の検索結果で上位に表示させることができれば、商品はさらに売れるようになるし、売上が伸びれば楽天ランキングでも上位に表示されて、商品が加速して売れるようになる。つまり、楽天市場内SEOは、売上を伸ばすための加速装置であり、このノウハウをしっかり押さえることができれば、広告を使わなくても一気に売上を伸ばすことができるようになる。

　裏を返せば、楽天市場内SEOを理解していなければ、楽天市場の広告に投資をしても意味がないことになる。なぜならば、楽天市場内SEOと広告には密接な関係性があるからだ。これから解説するノウハウは、今後の楽天市場の運営においてキモとなる話なので、ページ数を割いてくわしく解説したい。

楽天市場内SEOで上位表示されるページの評価基準

　楽天市場では、「楽天市場の商品検索における検索順位の決まり方について」という内容で、2つのポイントを公開している[1]。

---

[1] 楽天市場トップページの下部の「プラットフォームの透明性及び公正性の向上に関する取り組みについて」を参照。

▶ ①検索キーワードと商品の関連性

検索キーワードが商品ページの説明文に記載されている回数、そのキーワードでヒットする商品ページの数により、検索順位に影響するスコアの加点と減点が実施されている。

▶ ②検索キーワードごとの商品の人気度

検索したキーワードに対して、クリックしたか、注文したかによってスコアの加点と減点が実施されている。

2024年10月には、店舗からの意見や問い合わせに対応するため、さらに詳細な内容として、「検索ロジックの評価軸および楽天市場における検索SEOの考え方」をRMS内のマニュアルに公開している。以下の3点が特に重要なポイントになる。

▶ ①商品の売れ行き、人気度

売れれば売れるほど、検索順位が上昇する。また、検索されたキーワードのアクセス数やクリック数が多ければ、人気がある商品と認知されて、楽天サーチで上位に表示されやすくなる。

▶ ②レビュー数や評価

レビュー数が多く、評価が高ければ、お客が安心して商品を購入する。結果、売れゆきが良くなり（転換率が向上して）、検索順位が上昇する。

一方、レビューが少なく、評価も低ければ、お客が購入を躊躇してしまうため、売れ行きが悪くなり（転換率が下落して）、検索順位が落ちていく。

▶ ③売れているジャンルに商品が登録されている

ジャンル名は検索対象になるため、正しいジャンルに登録するだけでも検索のヒット率が向上する。お客が選ぶジャンルに商品登録しなければ、検索結果にまったく表示されなくなる。

これらの条件の1つ1つをスコア化し、全体の点数が良い順から検索結果で上位から表示されていく。

こと細かく諸条件を書いたが、これらはすべてネットショップの商品ページづくりにおいて "当たり前" のことでもある。

楽天市場としても、流通総額を最大化するために、売れる可能性が高い商品を、楽天サーチのできるだけ上位に表示するように調整している。レビュー数が多く、評価が高ければさらに買われやすくなり、検索キーワードに連動したコンテンツが商品ページに含まれていれば、その商品がお客に買われる可能性は高くなる。

売れることに対して "当たり前" のことを、"当たり前" にやるのが、楽天市場内 SEO の基本なのである。

楽天市場内SEOができていないと、広告を出しても売れない理由

「広告を出せば、楽天市場内 SEO はやらなくていい」

そういう意見も耳にするが、実際には楽天市場内 SEO ができていないのに広告を出しても商品が売れないという事情がある。

たとえば、楽天市場内 SEO に必要な、検索されるキーワードが商品名や説明文に入っていなければ、広告でお客を商品ページまで誘導することができたとしても、キーワードが見当たらないので、自分が欲しかった商品かどうかがわかりにくくなってしまい、購入まで至らない可能性が出てきてしまう。

また、商品のジャンル登録がしっかりできていなければ、楽天市場に広告を出稿しても、まったく違うジャンルに広告が露出されてしまう可能性があるため、やはり見込み客は集めにくくなってしまう。

転換率を上げるレビュー数に関しても、「0」の状態であれば、広告を出しても、そのページで商品を購入してくれる確率は低くなってしまう。

つまり、「楽天市場内 SEO を施した商品ページ」こそが、広告を投下しても売れる商品ページであり、施策ができてないダメな商品ページに対して

どんなに広告を投下してお客を誘導しても「買わない」という流れになってしまうのである。

楽天市場のネットショップ運営者の中で

「広告を使っても売れない」
「広告を使っても費用対効果が悪い」

と愚痴をこぼす人もいるが、それらの原因の多くは楽天市場内SEOが商品ページにしっかり施されていないからである。ザルのようにお客がすり抜けていくネットショップでは、売れるはずがないのだ。

ほっといても楽天市場内SEOでお客が来てくれて、勝手に売れるような商品ページができたところに広告を投資して、はじめて「広告を使って売上が伸びる」という結果を手に入れることができるのである。

楽天市場には「すぐに買う人」と「よく調べて買いたい人」の2種類がいる

もう1つ、楽天市場の広告よりも楽天市場内SEOの優先度が高い理由は、検索キーワードに連動するRPP（検索連動型広告）の露出が不安定な点が挙げられる。RPPについては第6章で解説するが、常に競合店舗の入札価格によって検索順位が入れ替わる広告のため、同じポジションで永遠に広告が出し続けられる保証はどこにもなく、同じパフォーマンスを発揮し続けることが難しいマーケティング手法といえる。

しかし、**楽天市場内SEOで上位をキープしていれば、RPPの露出が下がった場合でも、自然検索で取りこぼしたお客を拾い上げることが可能になる**ため、大幅な売上ダウンを免れることができる。

また、RPPで買う人と、楽天市場内SEOで買う人では、買い物に対するスタンスが違うことも理解したほうがいい。

ネット通販で商品を購入する人には、「すぐに買いたい人」と「よく調べて買いたい人」の2種類が存在している。購入する商品がすでに決まっているお客は、タイパを重視して、検索で上位表示されている商品を迷わず購入

するので、RPP の施策が効果的である。一方、何の商品を買おうか悩んでいる人は、検索結果の商品ページを1つ1つ検索しながら、最適な商品を見つけ出すことに徹底して時間を費やす。そのため、楽天市場内 SEO で上位に表示させる施策のほうが重要になる。

　このような二極化した消費行動を考えれば、RPP と楽天市場 SEO の二刀流でお客を取りに行ったほうが、取りこぼしが起きにくくなることが理解できるだろう。

楽天サーチの検索順位を上げる方法

「商品名」はキーワードの配置が重要

　楽天サーチが検索の対象としているのは店舗名やジャンル名などだが、中でも楽天市場内SEOが重視しているのは「商品名」「キャッチコピー」「商品説明文」の3つである。

　この中でも、特に検索順位の加点が大きいのが「商品名」である。ここでは商品名の楽天市場内SEOについて、基本的な施策を解説する。

　まず、楽天市場に限らず、一般的な検索エンジンでは、**キーワードが文字列の前に位置されるほど、加点が大きくなる**。

　たとえば、「結婚指輪」というキーワードでGoogleの検索の上位にサイトを表示させたい場合、

「20代　女性　結婚指輪」

よりも

「結婚指輪　20代　女性」

のほうが、「結婚指輪」というキーワードが前にあるので、検索結果で上位に表示されやすくなる（ただし、すべてが同じ条件の商品ページの場合に限る）。

　この法則にあてはめると、楽天市場の「商品名」に検索キーワードを含ませる際は、極力、前方に検索でヒットさせたいキーワードを配置したほうが、検索結果では優位に働くことになる。

　また、「チョコレート詰め合わせ」のような、2つ以上のキーワードを使って対策をする場合は、「チョコレート」と「詰め合わせ」でキーワードを離

商品名、キャッチコピー、商品説明文

お届け先

商品の種類を選択すると表示されます
配送予定

商品の種類を選択すると表示されます
配送情報

商品の種類を選択すると表示されます
★★★★★ 4.80 （44件） レビューを書く

☆ お気に入り商品　　☆ お気に入りショップ

シェア R ROOMに投稿

? 商品についてのお問い合わせ　◯ 不適切な商品を報告

商品説明文

■商品ポイント■
＜01＞オールインスタイル
洗練された北欧デザイン、上品な質感、自然を感じる美しいカラーのキッチンウェアは、作ったお料理をそのまま運んで素敵なテーブルセッティングを演出することができます。調理器具としての用途だけではない、暮らしを便利にするキッチンウェアです。

＜02＞見せない、から魅せるへ
美しいデザインのキッチンウェアは収納棚ではなく、見える場所にインテリアとして置くことができます。
重ねて収納できるよう設計されているので、限られたキッチンスペースを有効活用できます。

＜03＞ニーズに合わせたセット構成
ワンセットで焼く、炒める、煮込む。
お料理に合わせて選べる無駄のないサイズ展開で、様々なニーズに応えてくれます。
コンパクトな収納サイズは持ち運びにも便利なので、おうちご飯だけではなくアウトドアなど、あらゆるシーンでお料理を楽しめます。

＜04＞食の安全と環境を考えた製品
FIKAは人体や環境への安全性を第一に考えたキッチンウェアです。有害物質（PFAS）を一切含まないセラミックコーティングを使用しています。
加熱時の有毒ガス発生リスクがないため、安心してご利用いただけます。
また従来のコーティングに比べて製造工程におけるCO2排出量も削減されるため、人体にだけでなく、環境にも優しい製品です。

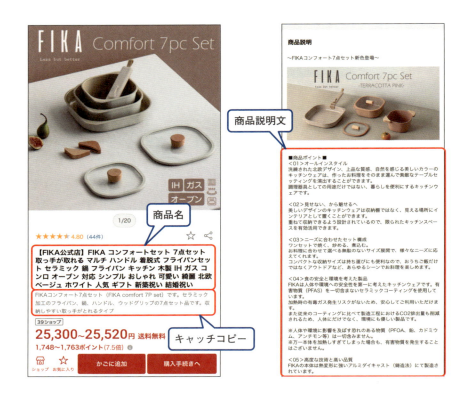

してしまうと、スコアの減点対象となってしまう。基本的に、楽天市場で検索した際のサジェストキーワードに表示される順番に沿って、商品名を含めるのがベストな施策といえる。ガイドラインに違反しないよう、実際の検索結果を参考にしながら、キーワードの配置や順序は調整してもらいたい。

なお、「母の日」のようなビッグワードの場合、競合も多いので、単体のキーワードで上位を狙うのではなく、

「母の日　ギフト」
「母の日　ギフト　花　スイーツ」

など**2ワード以上のキーワードでの検索上位を狙う**のも、楽天市場SEOで

重要な施策になる。

　たとえば、「除毛クリーム」だと3,800件ヒットするが（2024年12月現在）、若年層の除毛ニーズの高まりにあわせて「小学生」というキーワードを加えるだけで、170件程度まで対象の商品が減り、検索の上位を狙いやすくなる。

「除毛クリーム　小学生」での検索

https://search.rakuten.co.jp/search/mall/%E9%99%A4%E6%AF%9B%E3%82%AF%E3%83%AA%E3%83%BC%E3%83%A0+%E5%B0%8F%E5%AD%A6%E7%94%9F/

　また、「敬老の日　ギフト」の場合も、楽天サーチで数百万件が対象となってしまうが、「孫から」という具体的なキーワードを追加するだけで、1万件以下まで対象の商品を減らすことができる。さらに、ジャンルを「盆栽」まで絞り込めば、競合の商品は数百件程度まで減り、上位表示される可能性が高くなる。

「敬老の日　ギフト　孫から（盆栽のジャンル）」での検索

https://search.rakuten.co.jp/search/mall/%E6%95%AC%E8%80%81%E3%81%AE%E6%97%A5+%E3%82%AE%E3%83%95%E3%83%88+%E5%AD%AB%E3%81%8B%E3%82%89/215202/

検索結果に表示される商品名も大事

　商品名で検索対策をおこなう際、検索結果を見たお客が理解できない商品名にすることは避けたほうがいいだろう。

　たとえば、楽天サーチのスマホの検索結果は、PCより表示される文字数が少なくなるため、先頭に検索対策のキーワードだけを羅列してしまうと、検索結果で表示される文字列がすべて同じになってしまい、お客がわかりに

くくなる。また、そのような施策はスコアが減点されるため、検索順位が下がる可能性も高まってしまう。

このような事態を回避するために、スマホで表示されることを意識して、検索結果に表示される商品名にはオリジナルの商品名、内容量や個数がわかるように記載するのが得策である。また、商品名に加えて、商品画像でも差別化を図るのも一手である。

次の画面の事例では、3つの工夫を施している。

①商品名の先頭で容量や個数をわかりやすく明記
②商品画像でも個数分のパッケージを記載
③写真背景を利用し、開封したイメージで訴求

また、商品名は、楽天サーチの検索結果において商品の特徴を理解してもらったり、競合の商品と比較してクリックしてもらったりする、重要な"広告文"でもある。一度商品名を登録したら完了というものではなく、常に売れる商品名、売れる言葉を追求しながら、定期的に改善を繰り返すものだと理解してもらいたい。

商品名を改善する際の注意点

商品名の改善策の"正解"はわかりにくいところがある。楽天市場には「商品名登録ガイドライン」というものが存在しており、基本的にはガイドラインに沿った商品名をつけることが好ましい。しかし、**ガイドラインどおりの商品名では、Google からの流入における楽天サーチの結果に上位表示され**

商品画像で差別化している事例

乾燥納豆 100g×10個 ドライ納豆 フリーズドライ ひきわり 納豆 無添加 挽き割り 国産 大豆 100% 無塩 納豆 ナット ランキング 売れ筋 おすすめ ヴィーガン ビーガン 海外旅行 妊娠中 授乳中 こども 幼児 離乳食 犬 猫 ペット フード 非遺伝子組み換え マク

ず、売上が伸びない原因になってしまうこともある。

　Amazon のような出品型のモールであれば、同じ商品ページ内で出品者同士が競うため、ガイドラインどおりに登録することが大前提で、ルールは一貫している。しかし、楽天市場のような出店型のモールの場合、検索結果で店舗同士が競い合うことになるため、どうしてもルールが曖昧になってしまうところがある。

　結論としては、ランキングや検索上位に表示されている商品名が、その時点で最も"売れるルールに則っているもの"であり、その手法を参考にして自社の商品名をつけるのが改善施策としては"正解"ということになる。

「キャッチコピー」の改善策

　楽天市場内 SEO において、「キャッチコピー」の重要度は低い。楽天サーチの PC の画面での一覧表示でキャッチコピーは表示されるものの、「ウインドウショッピング」という横に並ぶ形式になると表示されなくなってしまう。さらに、スマホの検索結果では、一覧表示にもウインドウショッピングにも表示されない。

　本来、「キャッチコピー」はお客の興味を惹くためのものである。販促としては重要性の高い言葉ではあるが、検索結果に表示されない以上、楽天市場内 SEO においての重要性は低いといえる。

　ただし、クリックした先の商品ページの商品名の下には表示されるため、検索対策を意識しすぎて**半角スペース区切りでキーワードを羅列することはおすすめしない**。

　商品名と同様、改善策の正解がわかりにくいため、ランキングや検索上位に表示されている売れている店舗の商品ページを参考にしながら、試行錯誤を繰り返すのが得策といえる。

一覧表示

キャッチコピーとして「【お中元】ありがとう、おめでとう、たくさんの想いを込めて」が表示されている。しかし、「ウィンドウショッピング」と「一覧表示（スマホ）」にはキャッチコピーが表示されていない。

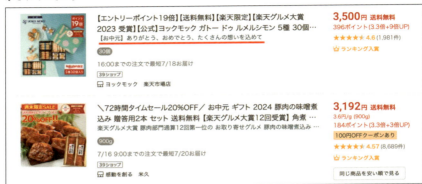

ウィンドウショッピング

一覧表示（スマホ）

098

ウインドウショッピング（スマホ）

左側のPCの検索結果の一覧表示にはキャッチコピーが表示されるものの、スマホの検索結果やウインドウショッピングではキャッチコピーは表示されない。一方、スマホで表示した商品ページのみ、キャッチコピーが商品名の下に表示される。ユーザーの目につくところでもあるので、半角スペース区切りなどで読みづらくしてしまうのは得策ではない。

第3章　売上アップに欠かせない楽天市場とGoogleの検索エンジン対策

「商品説明文」は融通が効く

「商品説明文」には、検索キーワードを含んだ文章を書きこむことが楽天市場 SEO の施策となる。文字数はできるだけ多く書き込み、お客が検索しそうなキーワードをイメージしながら書くのがポイントである。

　楽天市場に限らず、検索において、1年ごとに検索されるキーワードは様変わりする。新しいキーワードも出現するため、キーワードを付け足していく作業は定期的におこなったほうがいいだろう。一方、キーワードを減らすことは意味がないので、**文字数が限界に達しない限り、商品説明文は書き足していったほうが得策**といえる。

　ギフト商材の場合、母の日や敬老の日など決まったイベント以外にも、誕生日や内祝いなどお祝いごとの種類の数だけ、検索される可能性がある。熨斗対応などができている場合は、商品説明文にそれらのキーワードを記載しておくことで、検索対策になる。

　また、商品説明文の文字数の空き容量を活用して、類似商品や同時購入商品、新着商品、再販商品を自動で掲載して表示する「EC-UP」というサービスを利用することで、手間なく商品説明文にキーワードを増やすこともできる。

キーワードにヒットする商品ページを増やすのも一手

　1商品1ページに対して徹底した楽天市場内 SEO を施すよりも、ヒットさせたいキーワードの商品ページを増やしていくことが重要である。

　たとえば、「みかん」というキーワードでヒットする商品ページが10ページしかない店舗と100ページある店舗では、後者のほうが検索で流入する数が増えるのは明らかである。検索対策として「商品点数を増やす」という施策を同時展開すると、よりアクセス数を増やすことができて、売れる確率を上げることにつながる。

EC-UP

https://ec-up.jp/

> **column**

イベントの2週間前までは、「早割」というキーワードで検索対策も可能

　早期割引、早期特典を実施する場合、特典の内容や期間などガイドラインを厳守すれば、イベントの2週間前まで「早割」というキーワードでの検索対策をおこなうことができる。**「早割」というキーワードは、必ずサジェストキーワードの上位に表示される**。割引価格や割引クーポンを発行するなどの施策を展開して、早割を狙っているお客を積極的に集客したいところである。

　なお、お中元は7月10日、お歳暮は12月10日、おせちは12月18日までと期間を指定しているケースもある。楽天市場の『二重価格・割引表示に関するガイドライン』を熟読したうえで、対策を講じてもらいたい。

・二重価格・割引表示に関するガイドライン
https://navi-manual.faq.rakuten.net/rule/000038682

早割は2週間まで
早割（早期割引・早期特典）について

受付期間は、遅くとも特定のタイミング（イベント）の2週間前まで

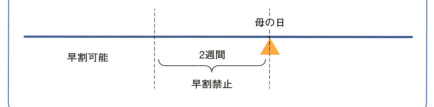

楽天市場内SEOにおける商品画像の考え方

クリックされる商品画像とは？

　検索対策と聞くとキーワードばかりに目がいってしまいがちだが、じつは「商品画像」も楽天市場内SEOにおける重要な要素になる。魅力的な商品画像であれば、クリックされて、お客を商品ページに誘導することができる。一方、商品画像のクオリティが低ければ、仮に検索結果で上位に表示されても、クリックされずにスルーされてしまう。楽天市場内SEOにおいては、キーワードと一緒に画像の対策も必要であることは認識しておいたほうがいいだろう。

　商品名と同様、商品画像についても「商品画像登録ガイドライン」が存在しており、違反すると減点対象になる。**RMS内の「画像判定ツール」を使用して、最低限△にはなるよう対応する必要がある。**

画像判定ツール

◎：OK
△：要改善
×：NG

　ただし、1つ1つの商品画像をチェックするのは困難なため、3ヶ月に一度の頻度で更新される**商品画像判定レポートを活用する**といい。レポートの結果が正しくない場合もあるが、対応の優先順位を決めるうえで役に立つ。

　商品画像登録ガイドラインの「商品画像登録ガイドラインの説明と事例集」を参考に、修正しよう。

　なお、ECマスターズクラブでは、ダウンロードした結果ファイルを取り込み、一覧で判定結果ごとに絞り込めたり、ワンクリックで最新の画像判定結果を表示できたりする仕組みを提供している。画像をいっぺんに判定することができるため、×がついたものから対策していくと、問題のある画像を効率よく改善することが可能だ。

白背景ではなく写真背景にするほうが訴求できる

「背景画像は白背景でなければいけない」という誤解をよく見かける。背景画像は、白背景ではなく、写真でも問題はない。たとえば、生ハムの後ろにワインが並べてある画像はOKということになる。

　最近では、RMS AIアシスタントβ版がリリースされ、商品画像加工支援AIが利用できるようになり、自然な合成画像の利用も認められるようになった。具体的には、色違いの商品との合成や、

・着用したモデル画像の背景との合成
・商品を使ってできたもの（炊飯器で炊いたご飯など）との合成

など、商品を使用しているイメージ写真は利用することができる。

　Amazonで使用する白背景の写真よりも、写真の背景で商品を訴求したほうが、検索結果でライバルの商品と比較した際、目立たせることができる。

商品を購入した"後"をイメージさせるためにも、**商品写真には極力背景ありの画像を採用したほうがいい**だろう。

なお、家電やスポーツ用品など型番商品でも、価格が比較されやすい商品の場合は、ショップのロゴだけでも挿入しておいたほうが得策である。ロゴを挿入することで他店との判別がしやすくなり、お客を誘導しやすくなる。

背景を入れるほうが白背景よりも訴求できる

ロゴありのほうが、ロゴなしよりも他店と判別しやすい

「商品画像＝広告画像」という認識を持つ

　競争の激しいジャンルになればなるほど、商品画像にもネットショップ運営者側の創意工夫が見られる。人物を前面に出して目立たせたり、商品そのものではなく購入後の使用シーンを写真で見せたり、クリックされる工夫や購入イメージを湧かせる仕掛けなど、「お客」を意識した施策を徹底しておこなっている。

　たとえば、カーペット・ラグランキングを見ると、平置きでラグを敷いた写真を掲載するのではなく、人が座っている写真を掲載するなど、できるだけ購入者にイメージを湧かせる工夫をしているネットショップが目立つ。このような写真が検索結果に並ぶと、**自分のイメージとより一致した画像の商品をクリックするようになり、見込み客を誘導しやすくなる。**

　中には、SKUなどカラーバリエーションのアイコン自体を、商品画像を切り抜いた画像にするケースもある。

カーペット・ラグランキング
（https://ranking.rakuten.co.jp/daily/551228/）

商品画像を切り抜いてカラーバリエーションを見せるアイコンの例

　商品画像は、商品名と同様、検索結果で比較検討される要素であるのはもちろんのこと、お気に入りに商品を入れてもらえるか、購入履歴などでも表示されることでリピート購入につながるかどうかも左右する。さらに、広告の原稿としても利用されるため、「商品画像＝広告原稿」という認識を強く持ったうえで、改善し続ける必要がある。

商品画像2枚目以降や動画はどうする？

　商品画像は20枚まで登録することが可能だ。SKUごとの商品画像を含めると、かなりの枚数の画像を登録することができる。
　動画を登録することも可能なので、商品の利用方法などをくわしく解説したい場合は、動画を使って商品の付加価値を高めるのも一手といえる。動画は、200MBの容量制限で、時間の制限はない。

動画を登録している商品ページでは、商品画像の下に動画再生ボタンが表示される

縦長の動画は画面いっぱいに拡大され、再生される

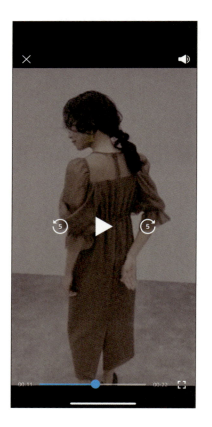

　動画は、スマホアプリの場合、商品画像の左下にアイコンが表示され、クリックすると再生される。スマホでの見やすさを考慮して、縦長の動画を登録するショップも増えている。

　商品画像の登録が多すぎるあまり、売れていない商品の画像制作に時間をかけていては、本末転倒である。優先順位をつけて、**売れている商品の画像制作に注力したほうが効率がいい**。

　また、見落としがちなのが、商品画像の2枚目以降の写真である。スマホ

で見た際、文字が小さくて読みづらくなっているケースをよく見かける。**タップしてズームしなくても画像内の文字が見やすいように改善したほうがいい**だろう。

column

予約販売の落とし穴

　楽天市場には、注文ボタンの代わりに予約ボタンを表示させて、「予約商品」の申し込みを受け付ける販売方法がある。この手法を使えば、発売日前に注文数を予測し、過剰な生産を回避して、必要最低限の人件費と原材料費で商品を販売することができる。予約申し込みの段階では支払いやポイント付与、システム利用料などは発生しない。

　一見すると、母の日ギフトやおせち料理の販売に適しているように思われるが、**予約商品の注文確定日まで売上がたたないため、検索順位への加点がされない**デメリットがある。せっかく多くの注文を受けたのに、トップシーズンに楽天サーチや楽天ランキングに反映されないことは、大きな機会損失といえる。

　可能な限り、予約販売を利用せずに、通常の注文ボタンで売上を作ったほうが、楽天市場内での露出が上がり、売上が伸びることは理解しておいたほうがいいだろう。

第3章　売上アップに欠かせない楽天市場とGoogleの検索エンジン対策

第 4 章

クーポンや LINE を活用して売上に加速をかける

新規顧客を獲得するためのクーポンの活用法、LINE やメルマガを利用してリピート客を増やす方法、SNS や動画、アフィリエイトの活用法などの注意点について解説する。「〇〇をやったら売上が伸びるの？」と、常にモヤモヤした気持ちを抱えている人はぜひ参考にしてもらいたい。

使わなきゃ損！　クーポンを活用した売上アップ術

　楽天サーチで検索した際、価格の下に「300円 OFF クーポン」「25% OFF クーポンあり」とお得感のある「クーポン」が表示されることがある。コスパを意識しているお客は思わずクリックしてしまうし、クーポンを保有してもらうことでリピート購入につなげることができる。特に楽天市場のクーポンは広告のように掲載、閲覧、クリックされただけで課金されるものではないため、**販促コストを抑えて集客力、転換率、客単価のアップにつなげることができる**。ネットショップにとっては有効な販促手段になるといえる。

楽天市場のクーポンは4種類

　楽天市場のクーポンは、大きく4種類に区分される。

①ショップクーポン（配布型）
②サンキュークーポン（自動付与型）
③クーポンアドバンス（運用型クーポン広告）
④サービスクーポン

▶ ①ショップクーポン

　配布型で、店舗が値引きの原資を負担するクーポンのこと。対象商品や購入数などの条件を設定することが可能。「お買い物マラソン」や「楽天スーパー SALE」とあわせて参加募集される「バラエティクーポン」や、毎月1日のワンダフルデー用の店舗原資クーポンもショップクーポンに含まれる。一方、これらのセール時は対象商品を設定することができず、**すべての商品がクーポンの対象となってしまう**ので注意が必要である。

▶ ②サンキュークーポン

　購入完了時に自動的に付与することが可能なクーポン。**リピーターの促進を目的として活用する**ことができる。ショップクーポンと同様に条件が設定できるほか、獲得対象ユーザーを「全てのユーザー」と「初回購入ユーザーのみ」と選択することも可能。

「購入者全員に対して大幅に値引きするクーポンは出したくないけど、新規客の2回目の購入には大きな値引きをしてリピートのきっかけを作りたい」

と思った際に、有効な販促手法となる。

▶ ③クーポンアドバンス

　運用型クーポン広告で、楽天サーチの検索結果の上部などに広告として表示される。目立つ位置に表示されるので集客効果は高いものの、**取得ごとに課金される**。

▶ ④サービスクーポン

　楽天市場が広告などとセットにして配布する。**楽天市場が値引き原資を負担してくれる**ので、店舗にとっては販促費を抑えて集客することができる。

┃ クーポンの利用料は？

　クーポンは、値引き原資を店舗側が負担するほか、利用料も発生する。

　ショップクーポンは、50枚の配布までが無料で、51枚目から1枚あたり50円（税別）の利用料がかかる。さらに、バラエティクーポンや、毎月1日のワンダフルデー用の店舗原資クーポンについてもシステム利用料が発生する。ただし、バラエティクーポンの配布ページなどに掲載される広告を購入すると「ショップクーポンシステム利用料控除」が適用されて、**システム利用料が免除されるケースもある**。

　サンキュークーポンに関しては、無料キャンペーンが継続されており、利

用料は発生しない。ただし、あくまでキャンペーン期間中のため、何かしらのタイミングで**有料化になる可能性がある**ことは理解しておいたほうがいいだろう。

ショップクーポンでまとめ買いを促進する

　四半期に一度開催される「楽天スーパーSALE」で売上ランキング上位の商品をチェックすると、必ずしも"安売り"で売れているわけではないことがわかる。大幅な割引価格で販売する代わりに、クーポンを活用して、お得感をアピールして売上を伸ばしている店舗も少なくない。

　クーポンの活用法の1つとして挙げられるのは、**まとめ買いの促進**である。店舗が発行するショップクーポンは、対象商品や購入数を制限することができるため、特定の商品だけをまとめ買いしてもらい、お得に商品を購入してもらう仕掛けを施すことができる。

　また、新商品を販売する際にクーポンを活用するのも一手である。商品指定の高割引率のクーポンを配布してみたり、まとめ買いを条件にした割引クーポンを発行してみたりして、販売個数を意図的に増やし、検索順位を上げて露出を高める施策も有効である。購入数が増加すればレビュー数も増えるため、商品ページの転換率もアップする。

　クーポンの戦略は自己負担の値引きの原資や利用料を考慮する必要もあるが、一方で、検索順位を上げたり、レビューを集めたりする長期的な視点を持つ必要がある。まさに"**損して元取れ**"という気持ちで試してほしい。

サンキュークーポンの効果的な使い方とは

　サンキュークーポンは、獲得対象ユーザーを「全てのユーザー」と「初回購入ユーザーのみ」と選択することができる。先述したように、新規客を優良顧客に引き上げるための施策として有効だが、**システム利用料が無料のキャンペーン中であれば、すべてのお客に配布したほうが得策**といえる。楽天サーチの検索結果には保有しているクーポンのアイコンも表示されるので

目につきやすくなり、クリック率が上がるためだ。

　また、取引先のメーカーからクーポンによる割引を禁止されている場合でも、サンキュークーポンであれば購入者のみに限定して配布することが可能なため、メーカーの理解が得られるケースもあるので、相談してみる価値はある。

▍バラエティクーポンは損にならないように注意

　楽天市場が定期的に募集するバラエティクーポンは、参加店舗すべてが協力してクーポンを配布するため、ショップ独自でクーポンを発行して配布するより、取得してくれるお客様が増えやすい。しかし、以下のような条件で募集され、**条件の金額で利用されると10%前後の割引分をショップが負担する必要がある。**

・100円　⇒　1,500円（税込）以上で使える　店内全品100円 OFF クーポン
・300円　⇒　3,000円（税込）以上で使える　店内全品300円 OFF クーポン
・500円　⇒　5,000円（税込）以上で使える　店内全品500円 OFF クーポン
・1,000円 ⇒　10,000円（税込）以上で使える　店内全品1,000円 OFF クーポン
・2,000円 ⇒　20,000円（税込）以上で使える　店内全品2,000円 OFF クーポン
・777円　⇒　7,000円(税込)以上で使える　店内全品777円 OFF クーポン
　　　　　　　　（ダイヤモンド・プラチナ会員限定）

　バラエティクーポンは全商品が対象となるため、そもそもの粗利が少ない商品を販売しているショップには無理が生じる。そのため、毎回の参加者は3,000 ～ 3,500ショップと、全体の6%前後くらいだ。

　条件が厳しい場合は、ショップ独自で無理ない割引条件を設定したクーポンを配布しよう。

　また、お買い物マラソンや楽天スーパー SALE での買いまわりでの新規顧客の獲得を目的とした1,000円ポッキリのような集客商品を販売している場合、クーポンを利用されて注文すると買いまわり条件の税込1,000円を下

回る結果となり、逆効果となるので注意が必要だ。

クーポンで客単価を上げる方法

　楽天市場では、2020年に「送料無料ライン」が導入されたことをきっかけに、3,980円以上の買い物に対して送料無料で販売するネットショップが増えた。従来は、店舗独自の「10,000円以上の購入で送料無料」などの、まとめ買いを促す施策を展開することができたが、それが困難になり、近年は客単価を上げることが難しくなっている。

　2000年頃の楽天市場の客単価は1万円程度だったが、昨今はAmazonやYahoo!ショッピングとの競争も激化しており、多くのショップで客単価が下落傾向にある。送料の値上げの影響もあり、配送料が安いメール便やクリックポストなどを導入する店舗が増えており、客単価が2,000円前後というネットショップも少なくない。

　客単価のアップは、多くのネットショップが頭を悩ます課題である。そのような中で、クーポンは「値引き」のイメージを強く持ってしまう販促手法の1つである。しかし、上手に使えば客単価を上げる有効な施策にもなるので、値引き以外のシーンでもクーポンを活用してもらいたいところである。

　オーソドックスなやり方としては、**客単価よりも高い価格設定でクーポンを発行する**手法である。たとえば、あるネットショップの客単価が3,000円だったとする。そこで5,000円以上の買い物で利用できるクーポンを発行すれば、客単価の引き上げにひと役買ってくれることになる。3,000円で「300円OFFクーポン」を発行するよりも、5,000円で「500円クーポン」を発行したほうが、お得感をアピールすることができて、なおかつ送料を含めても利益額を増やすことも可能である。

　ほかにも、**3個以上の購入や10,000円以上の購入でクーポンを同時発行する**ことで、さらなるまとめ買いを促進することもできる。

　RaCoupon（ラ・クーポン）ランキングをチェックすると、上手にクーポンを活用しているネットショップを見つけることができる。それらの事例を参考にしながら、クーポンを活用して客単価アップを目指してほしい。

・RaCoupon（ラ・クーポン）ランキング
https://ranking.rakuten.co.jp/coupon/

クーポンのリンク先をカスタマイズして、売りたい商品を案内する

　配布型クーポンを獲得した後の画面に表示される「このクーポンを使う」のリンク先は、クーポンによって異なる。

・ショップクーポン（全商品対象）　　→　ショップのトップページ
・ショップクーポン（1商品のみ指定）　→　その商品ページ
・ショップクーポン（複数商品を指定）→　ランダムに選ばれた1商品ページ
・バラエティクーポン（全商品対象）　→　イベントのクーポン配布ページ

　しかし、裏技として、配布するクーポンのURLをカスタマイズすることで、好きなページに案内したり、クーポン取得後の画面で特定の検索キーワードで絞り込んだ商品だけを案内することも可能だ。具体的には、以下のようなクーポンの獲得URLの最後に、リンク先とキーワードを指定する。

https://coupon.rakuten.co.jp/getCoupon?getkey=【ランダムな英数字】[1]

▶ **セール用に作成したコンテンツページをリンク先に表示したい場合**
　クーポンURLの最後に、以下のように追加して指定する。

&rd=https://www.rakuten.co.jp/ショップURL/contents/sale/

▶ **バラエティクーポンに参加しているときに**
　自店の商品だけ表示したい場合
　「&kw＝店舗名」として、クーポンURLの最後に「&」でつなげたリンク

※1＿【ランダムな英数字】の部分は、楽天のシステムで自動生成される。

先をお客に案内することで、クーポン対象商品に自店の商品だけ表示させることも可能だ。

https://coupon.rakuten.co.jp/getCoupon?getkey=【ランダムな英数字】--&rd= https://www.rakuten.co.jp/ショップURL/contents/sale/&kw=店舗名

　ECマスターズクラブでは、「ECGO」というChrome拡張機能にて、RMSのクーポン管理のクーポン一覧からリンク先とキーワード指定したクーポンURLをかんたんに生成できる機能を提供している。

自店の商品だけ表示させる

ECGO

クーポン配布やイベント開催などの告知には スマホ大バナーを徹底活用

　クーポン配布やイベント開催などのキャンペーンを認知してもらうためには、スマホの商品ページの商品画像の上部に表示される「大バナー」を活用すると便利だ。

　大バナーは、RMSの以下の設定画面で最大10枚まで登録できる。

「店舗設定」→「5 デザイン設定」→「1 共通パーツ設定」→「共通バナー設定」→「大バナー画像」

　大バナーは、商品ページの商品画像の上部に表示され、自動で横にスライドする仕様になっている。注意したいのは、**大バナーが表示される順番は、登録した順になる**ことだ。後ろのほうでは気づかれない場合もあるので、できるだけ先頭など前に登録したほうがいい。また、アクセスしたタイミングでは、見てほしいものとは違うバナーが表示されてしまうケースもあるため、商品説明文の上部にも常時バナーが表示されるようにHTMLで記載し

119

ておくといい。

　なお、お買い物マラソンや楽天スーパーSALEなど配布期限があるクーポンの場合、バナーやクーポンの設定を更新し忘れると、クーポンが取得できず、逆にお問い合わせが増える原因にもなる。大バナーを活用する場合は、**バナーの掲載期間や、リンク先のクーポンの有効期限に注意して管理する**必要がある。

大バナー

アクセスしたタイミングでは大バナーが隠れてしまうケースが多い

常時バナーで表示されるようにするためにHTMLを記述

大バナーには掲載期間を設定ができるが、期間終了後は非表示になるだけで、「毎月5と0のつく日は楽天カード利用でポイント4倍」など繰り返し企画されるバナーの更新には手作業で対応する必要がある。この問題を解決できないかと思い、ECマスターズクラブでは、共通バナー（大・小）を予約管理できるツールを提供している。

共通バナー（大・小）予約管理

楽天市場とLINEの
組み合わせが「最強」の理由

▌LINEの開封率はメルマガの6倍、クリック率で20倍

　時流に乗って登場したLINEは、明らかにメルマガよりも分があるといえる。2024年6月に総務省情報通信政策研究所が公表した「令和5年度情報通信メディアの利用時間と情報行動に関する調査報告書」によると、スマホ／携帯の所有者のうち、**LINEの利用率は全年代で94.9%**と、多くの人がコミュニケーションツールとして活用していることが伺える。年代別でも、LINEの利用率はほかのSNSよりも高く、10～50代では9割以上の人が利用している状況である。一方、メルマガを読んでいるユーザーがLINEの利用者よりも圧倒的に少ないのは明らかである。

　また、楽天市場のネットショップがメルマガを利用する場合、スパムメール扱いを防ぐためにさまざまな利用制限がかけられているのも、メルマガを

LINE の利用率はほかの SNS よりも高い

	全年代(N=1,500)	10代(N=140)	20代(N=217)	30代(N=241)	40代(N=313)	50代(N=319)	60代(N=270)	男性(N=760)	女性(N=740)
LINE	94.9%	95.0%	99.5%	97.9%	97.8%	93.7%	86.3%	93.3%	96.5%
X(旧Twitter)	49.0%	65.7%	81.6%	61.0%	47.3%	37.0%	19.6%	49.9%	48.1%
Facebook	30.7%	10.0%	28.1%	44.4%	39.3%	32.6%	18.9%	32.8%	28.5%
Instagram	56.1%	72.9%	78.8%	68.0%	57.2%	51.7%	22.6%	48.8%	63.6%
YouTube	87.8%	94.3%	97.2%	97.1%	92.0%	85.6%	66.3%	89.6%	85.9%
ニコニコ動画	13.7%	23.6%	24.4%	17.8%	10.5%	9.4%	5.2%	16.4%	10.9%
TikTok	32.5%	70.0%	52.1%	32.0%	26.8%	25.4%	13.0%	29.2%	35.9%

【令和5年度】主なソーシャルメディア系サービス／アプリ等の利用率
（総務省「令和5年度情報通信メディアの利用時間と情報行動に関する調査報告書」より）

販促ツールとして利用する際の懸念材料の1つといえる。たとえば、店舗が無料で配信きるメルマガは週に1回のみで、それ以上の回数を配信する場合は1通1円のコストが発生する。

　さらに、無料でメルマガを送付できるお客は、6ヶ月以内にメールに対して反応した人や、3ヶ月以内にメルマガの購読を希望した人などの制限がかけられている。このように、見込み客への十分なアプローチができない状態での利用が余儀なくされているのだ。

　対して、楽天市場でのLINE（R-SNS）は、月額3,000円の利用料に加えて、LINEの固定費やメッセージ配信料がかかるものの、**メルマガよりも多くのお客にリーチすることができる。**

　メッセージの開封率も桁違いだ。ネット上で公開されている調査結果によると、**メルマガに比べてLINEは6倍の開封率があり、クリック率は20倍に達する**という。2024年からは、RMS内でもLINEの運用、分析ができるようになり、同年12月から友だちではないユーザーにも商品購入時・商品発送時にメッセージを1通4円で自動配信できる「LINE通知メッセージ」の申し

LINE通知メッセージ

込みも開始された。今後、楽天市場がLINEの運用に力を入れていくのは明らかである。

まだまだネットショップのLINE活用は"穴場"

販促ツールとして優れているLINEだが、楽天市場のネットショップでもこの魅力に気づいているのはごく一部に限られる。

ECマスターズクラブのホームページで公開している「楽天ショップLINE公式アカウント友だち数ランキング」によると、楽天市場の約55,000店舗の

楽天ショップ LINE 公式アカウント友だち数ランキング

https://ranking.ec-masters.net/line/rakuten/

うち、LINE を利用しているのは8,500店舗、全体の約15％しかいない（2025年2月現在）。広告の運用に依存している楽天市場の店舗にとって、LINE はまだまだ未知のものであり、十分に伸びしろがある販促ツールといえる。

クーポンを使ってLINE公式アカウントの友だちを増やす

楽天市場の LINE の運用ノウハウは2種類ある。

1つは「友だちの増やし方」である。LINE の友だちを増やすことができなければ、メッセージを読んでくれる人を増やすことができないので、売上につなげることができない。だからといって、LINE の友だちが自然に増えてくれるのを待っているだけでは、いつまで経っても売上を伸ばすことはできない。

もう1つのノウハウは「メッセージの作り方と送り方」である。お客に訴求するメッセージと配信方法をマスターしなければ、お客に効率よく商品を購入してもらうことは難しい。メッセージが同じでも、メルマガと LINE では見せ方も送付方法も異なることは理解しておいたほうがいいだろう。

この2つの LINE の使い方の"キモ"を押さえることができれば、楽天市場でリピート客を一気に増やすことができる。重要な施策になるので、1つ1つ解説していきたい。

1つ目の「友だちの増やし方」で最も有効なのは、商品ページのファーストビューに

「LINE の友だちになってくれたら〇〇円クーポンをプレゼント」

というバナーを貼り、アクセスしてきたお客に LINE に登録してもらう手法である。クーポンと LINE を組み合わせた手法が友だちを増やす最も有効な手段であり、メッセージの開封率の高いお客を増やす戦略といえる。

PC の場合でも、パソコンの画面にクーポンを配布することを告知して、QR コードからスマホに誘導して LINE に登録させるのも、友だちを増やす効果的な一手といえる。

クーポンのプレゼントで LINE の友だちを増やす

LINEでクーポンを配布するには

　LINEによるクーポンの配布方法はシンプルである。LINEに登録した際にあいさつメッセージでクーポンを付与するだけなので、特に手間がかかるものではない。LINEの運用に慣れていない人でも、ネット上に詳細のノウハウが公開されているので、LINEの基本的な運用方法はすぐにマスターすることができる。

「友だちになってもらうだけでクーポンを発行するのはもったいない」

　そう思うかもしれないが、そもそも「商品を買う」というのは、意識が固まるまで時間がかかるものである。よほど必要に迫られている商品や、低価格の商品であれば、ページにたどりついたとたんすぐに購入するかもしれない。しかし、ほとんどの商品は、商品ページにたどりつくものの、買うか買わないか悩んだ末に、「買わない」という選択をして、しばらくの期間は、たまに商品ページを見に来たり、お気に入りに入れて何度も商品を確認した

りして、時間をかけながら購入に至るのが、多くの人の消費行動といえる。

そのような背景を考えると、仮に見込み客が商品ページにやってきて、「この商品が欲しい」と思ってもらったとしても、何もアクションを起こさずにページから離脱されることが、最も大きな機会損失になることがわかる。そのような事態を防ぐためにも、LINEの友だち登録でクーポンがもらえることをフックにして、**「とりあえず、クーポンだけでももらっておこう」と見込み客として囲い込む**ことができれば、その後はLINEでメッセージを通じて購入のタイミングを売り手側から作ることが可能になる。

この手法のほうが、無駄な広告費を使うよりも圧倒的に見込み客にリーチしやすく、クーポンとLINEの組み合わせでお客の囲い込みも確実にできる。

LINEの友だちを増やすネットショップならではの方法とは

オーソドックスな手法だけでは、LINEの友だちを増やすことはできないと理解したほうがいい。たとえば、商品ページに「LINEはじめました」「友だちになってください」といったキャッチコピーを添えたバナーを設置しても、お客の立場としては友だちになるメリットがないので、おいそれと友だち登録はしてくれない。

プライベートのコミュニティツールとしても利用するLINEは、**メルマガよりも登録してもらう難易度が高い**と思ったほうがいい。知らない友だちとむやみにLINEでつながらないのと同じで、見知らぬお店のLINEに友だち登録するケースは稀なのである。魅力のある店舗づくり、商品づくりができていることが大前提であり、お客にとっても「このネットショップのLINEなら登録したい」と思われるような店舗のコンセプトと商品ページができていなければ、LINEの登録者数を増やすことは難しいと思ったほうがいいだろう。

友だち数が20万を超える澤井珈琲では、同梱チラシだけではなく、
オマケでLINE登録を訴求している

　ネットショップ独自のLINEの友だちの増やし方としては、商品にLINEの案内を同梱する手法が挙げられる（第2章のコラムを参照）。たとえば、ふるさと納税の商品を販売しているネットショップであれば、同梱物のチラシに

「**LINEの友だち限定の返礼品があります**」
「**LINEに先行案内が届きます**」

と記載すれば、LINEの友だちを増やすことができるかもしれない。

LINEメッセージは素人でもかんたんに作ることができる

　次に、もう1つのノウハウの「メッセージの送り方と作り方」について解説していきたい。

LINE 公式アカウントの運営のポイントは、大きく分けて3つある。

①トーク画面の下部に固定されている「リッチメニュー」
②画像やテキストを1つのビジュアルとして配信できる「リッチメッセージ」
③カード型のメッセージを複数並べて配信できる「カードタイプメッセージ」

　どのようなデザイン、メッセージがいいかは、ジャンルや商品によって大きく変わってくる。方向性やコンセプトを定めたければ、同ジャンルで売れているネットショップのLINE公式アカウントに登録し、リッチメニューや送られてくるメッセージを参考にすると、LINEの戦略のヒントを得ることができる。

　また、リッチメニューやリッチメッセージなどデザイン性のあるコンテンツを作ることが苦手な人は、外部ツールを活用するといいだろう。**CanvaやFigmaなどを使えば、専門知識がなくてもかんたんにデザイン性の高いLINEのメニューやメッセージを制作することができる**。ウェブデザイナーを抱えていないネットショップにはおすすめの手法といえる。

リッチメニュー

リッチメッセージ

カードタイプメッセージ

飽きられないLINEメッセージのコツとは

お客に飽きられないLINEメッセージは、以下の公式を参考にして作るといいだろう。

商品×お得感×限定感

「商品」とは、売れ筋商品や新商品、シーズン限定の商品のことである。この商品にクーポン、ポイント、セールなどの「お得感」を与えて、さらにLINE友だち限定、2時間限定、15名限定などの「限定感」を強調することで、お客に「このLINEは常にお得な情報が書かれている」と意識させ、定期的に開封してくれるLINEメッセージへと認知されるようになる。

なお、LINEの画像やテキストによるメッセージは、郵便ポストに投函されるチラシのように、セールなどの「お得感」を伝える連絡の手段としては有効ではあるが、手紙のように相手を説得して購入意欲を湧きたてる「付加価値」の販売には適していない。また、売り手側のこだわりやキャラクターを伝えられるほどの文字量、スペースがないので、お客をファンにしていく力は強くないと思ったほうがいいだろう。

もし、LINEをファンづくりのツールとして活用したければ、以下のようにして、別のコンテンツでファン化する施策を講じたほうがいい。

・リッチメッセージで動画を投稿する
・InstagramやX、TikTokへの投稿を条件としたキャンペーンを案内する
・新商品の開発ストーリーを伝えるブログ（コンテンツページ）を紹介する

LINEのメッセージを送るのはタダではない

LINEメッセージの配信回数は「週1〜2回」が理想と言われている。それ以上の回数だと"うざいメッセージ"と認識されてしまい、ブロックされてしまう可能性がある。ほどほどの配信回数で留めるのがポイントといえる。

SNSへの投稿を条件にしたキャンペーン

　また、配信通数が増えると利用料金が増えることも念頭に入れておいたほうがいい。常に1か月間の総メッセージ数の配信通数を意識しないと、売上を伸ばしたいタイミングで追加の配信料を支払う必要もあるので注意が必要である。

　ただし、LINEのメッセージの料金設定は、送れば送るほど1通あたりの配信コストは安くなる仕組みになっている。具体的には、50,000通までは1通3円、50,001通から2.8円、100,001通から2.6円と段階的に単価が下がり、7,000,001通から10,000,000通までが最低単価1.1円となる。月額の利用料金が高くなっても、見込み客が増えるのであれば、費用対効果が良くなるケースもある。

　コストがかかるから配信数を控えるのではなく、配信対象をセグメントして配信数を制限することも、1つの戦略として考慮しておいたほうがいいだろう。

LINEのメッセージは送信数に応じて安くなる

スタンダードプランの追加メッセージの料金表

追加メッセージ配信数	単価	配信単価(目安)
～50,000	3.0円	3.00円
50,001～100,000	2.8円	3.00～2.90円
100,001～200,000	2.6円	2.90～2.75円
200,001～300,000	2.4円	2.75～2.63円
300,001～400,000	2.2円	2.63～2.53円
400,001～500,000	2.0円	2.53～2.42円
500,001～600,000	1.9円	2.42～2.33円
600,001～700,000	1.8円	2.33～2.26円
700,001～800,000	1.7円	2.26～2.19円
800,001～900,000	1.6円	2.19～2.12円
900,001～1,000,000	1.5円	2.12～2.06円
1,000,001～3,000,000	1.4円	2.06～1.62円
3,000,001～5,000,000	1.3円	1.62～1.49円
5,000,001～7,000,000	1.2円	1.49～1.40円
7,000,001～10,000,000	1.1円	1.40～1.31円

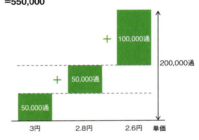

※10,000,000通以上の配信については、お問い合わせください。
※全て税別表記です。

LINEヤフー for Business 公開資料より

　LINEは、友だちに登録した期間や地域、性別などをセグメントして配信できることから、より熱量の高いお客にメッセージを配信して、見込み客に商品を販売することも可能になる。たとえば、地域限定の商品や、LINE限定の商品など、付加価値の高い商品をお客に販売することで、「このお店のLINEは読んでおいたほうがいい」と思わせることも、ネットショップのブランド力を上げる施策になる。

　ECマスターズクラブで提供しているLINE公式アカウントの配信ツール「LSEG」は、「LINE通知メッセージ」に対応し、購入につながらない友だちへの配信数を減らせるように、RMSと連携して購入者や購入情報をセグメントしてメッセージを配信することができる。LINE公式アカウントからの配信で通数が増えているネットショップは、ぜひ活用していただきたい。

LSEG

購入者セグメント（連携フォーム）活用事例

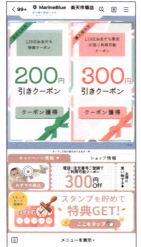

LINEと楽天スーパーSALEが、抜群に相性がいい理由

　LINEとメルマガの大きな違いは「即時性」にある。メルマガは配信した初日に販促効果が高まり、2～3日かけてゆっくりと効果が落ちていくのが一般的である。一方、LINEは、配信直後から数時間以内に急速にアクセス数が集まる。

　LINEの即時性を生かせば、メルマガよりも効果的に売上を伸ばすことが可能になる。たとえば、第5章で解説する楽天スーパーSALEやお買い物マラソンなどの大型企画の場合、イベント前にLINEを利用して、見込み客に対して割引クーポンを送付、初日に購入してもらうことで楽天ランキングや楽天サーチでの表示を上昇させて、イベント当日に露出を高めるという戦略を組むことができる。

LINEメッセージの開封率を上げるテクニック

　LINE メッセージの開封時間の傾向がわかれば、そのタイミングにあわせて配信すると、より開封率を高めることができる。

　ポイントとしては、配信のタイミングを「7：00」「8：00」とぴったりの時間にするのではなく、**「7：05」「8：13」のようにややずらして配信**したほうがほかのショップの LINE メッセージに埋もれにくくなり、開封される確率が高くなる。

「〇時間限定」「まもなく終了」と期間限定を示すキーワードを載せると、メッセージの反応は高まる傾向にある。一方、「最大〇％ OFF」「最大ポイント〇倍」と謳ったメッセージのほうがレスポンスが鈍くなる。"即時性"を生かしたメッセージを書くことが、LINE 運用のポイントになるといえる。

　プッシュ通知に表示されるテキストは、1番目に設定した吹き出しの内容が表示される。一方、トークリストのメッセージ一覧には、最後に設定した吹き出しの内容が表示される。

　リッチメッセージのみを1つ吹き出しだけで配信する場合は、リッチメッセージのタイトルに＼／や【】を利用して目出たせる工夫も有効だ。

　プッシュ通知はテキストのみの表示となるが、トークリストのメッセージ一覧には絵文字も表示できるため、**開封率を上げるために絵文字を利用する**方法もある。

LINEメッセージをブロックさせない方法

　ネットショップの LINE メッセージのブロック率は4割程度と言われている。企業や店舗の公式 LINE と比べても多い印象だが、非対面販売のネットショップで、クーポンを友だち登録の動機として誘導した背景を考えれば、妥当な数字といえる。

　ブロック率がこれよりも高ければ、メッセージの内容に問題があったり、リピートしない商材のため LINE の反応が鈍かったり、なにかしらの原因があると考えられる。逆に、平均よりも高い開封率であれば、お客に受け入れ

プッシュ通知には1番目に設定した吹き出しが表示される

トークリストのメッセージ一覧には最後に設定した吹き出しが表示される

リッチメッセージのタイトルに＼／や【】を利用して目出たせる

トークリストの絵文字を利用する

られているメッセージを配信していると解釈してもいいだろう。

　メッセージのブロックを防止する手法もさまざまだ。たとえば、LINEの友だち登録をしているだけで、毎月のプレゼントキャンペーンに自動でエントリーされて、LINEのみで抽選結果が案内されるというユニークな施策を取っているネットショップもある。ほかにも、

・メッセージの下部に「通知オフ」の案内の文言を追加することでブロックを防止する

・LINEのメッセージでアイデアを募集するようなお客参加型のイベントを
　定期的に開催する

といったことも、LINEのメッセージを読み続けてもらえるための施策になる。
　ただし、一度不要と思われてしまうと、テクニックを駆使したとしてもブ
ロックを防ぐことは難しい。
　**商品や会社のブランド力を高めることができれば、特典がなくてもLINE
に友だち登録してくれる流れを作ることができる**。つまり、LINEのブロッ
クを防ぐのであれば、小手先のテクニックを磨くことも大事だが、それ以上
に友だち登録する際のプロセスや、自社の商品のプロデュースに力を入れた
ほうが有効な施策になる。

楽天市場のネットショップのLINEか？
自前の公式LINEか？

　ここまで解説したLINEの運用ノウハウは、あくまで「R-SNS」での
LINEを使った販促方法である。自社サイトや実店舗を運営しているネット
ショップであれば、別でLINE公式アカウントを運用する必要がある。
「手間をかけたくない」という理由で、自前のLINE公式アカウントで運用
しようとするネットショップも多いが、楽天市場の商品ページから友だちを
増やすことができないため、あまりおすすめできる手法ではない。
　また、楽天市場のユーザーに対して、自前のLINE公式アカウントから
メッセージを送ると、「この情報は自分には関係ない」と敬遠されてしまう
可能性もある。やはり、楽天市場のお客には、R-SNSのLINE公式アカウ
ントを使うのが得策といえる。

リピートしない商材こそLINEに取り組むべき理由

　LINEはリピート商品向けの販促ツールだと思っている人も多いが、じつ
は非リピート商品でも有効活用することができる。
　たとえば、家具を販売するネットショップで、見込み客の質問に回答した

り、少しずつ家具を購入したい気持ちを高めてくれるようなメッセージを配信し続けていれば、いずれカートに商品を入れてくれる流れを作ることができるかもしれない。

　ここで理解しなくてはいけないことは、お客が高額商品をいきなり購入するのは稀だという点である。高額商品は家計へのダメージが大きいので、購入するかどうか時間をかけて悩むケースが多い。しかし、その間に商品のことを忘れてしまうと、そのネットショップに再び訪れる可能性は低くなってしまう。仮に商品を購入する熱量が高まったとしても、楽天市場には類似の商品が多数あるため、別の店舗で買われてしまう可能性が高くなり、せっかくの見込み客に逃げられてしまうことになる。

　そのような事態を防ぐためにも、**LINEの友だち登録で高額なクーポンを配布する**のも一考する価値がある。

　たとえば、家具を販売するネットショップの場合、友だち登録をしたお客

雛人形で高額割引のクーポンを配布している例

に対して、期間限定で利用できる1000円のクーポン券を配布すると、お得感のある割引額になるので、真剣に購入を検討してくれる可能性を高めることができる。その間に LINE メッセージを配信し続けていれば、「いつかこの家具を買いたい」という意識を長期間に渡って維持してくれるようになるので、購入の機会損失を防ぐことにつながる。

▶ 情報を拡散してもらうツールとしてLINEを活用する

　高額商品などの非リピート商品のネットショップで、LINE に友だち登録するということは、一般的なお客に比べて熱量が高いと解釈したほうがいいだろう。商品情報を強く欲している可能性が高いので、積極的に LINE で最新情報を発信したり、コミュニケーションを取ったりして、商品に対する愛情を深めていく施策が有効といえる。

　たとえば、LINE メッセージで購入後のレビュー投稿のほか、後述するROOM や Instagram、YouTube などへの投稿を促せば、第三者の立場で商品の良さをアピールしてくれるようになる。そこから、新規のお客を増やす導線を作ることができるようになる。

　すでに LINE を経由して商品を購入し、店舗のファンになっていれば、メッセージを送って「SNS で紹介してください」とお願いすることで、積極的に情報を発信して、見込み客を誘導してくれるかもしれない。

「高額商品だから LINE は関係ない」と思わず、**高額商品だからこそ、LINE を通じて購入意欲を高めたり、商品情報を拡散してくれるようにお願いしたりする**ことで、売上を伸ばすチャンスをものにしていくのである。

メルマガとの
「最適なつきあい方」

商品に興味があれば、
LINEだろうがメルマガだろうが必ず読んでくれる

　これまでLINEの販促方法について述べてきたが、メルマガも決して「やらなくてもいい」というツールではない。1週間に1回は無料でメルマガを配信することができ、**楽天市場の店舗が送るメルマガは開封率が40%以上になることもめずらしくない**。メルマガが売上に何かしら貢献するのは事実といえる。

　また、メルマガはLINEよりも検索性に優れているため、ユーザーが過去に受け取ったメルマガを受信トレイ内の検索で追いかけることができる強みもある。購入した店舗を思い出すことができなくても、**店舗名や商品名を検索して店舗にたどりつけることは、リピート客の増加につながる施策にもなる**。

　もちろん、楽天市場にログインして購入履歴を追いかければ商品情報にたどりつけるが、今はAmazonやYahoo!ショッピングも並行して利用している人が多いため、「どこのお店で購入したのか思い出せない」というお客も少なくない。そのリスクを最小限にするためにも、メルマガを配信して、お客の受信トレイに店舗名や商品情報を残しておくことも、リピート客づくりの重要な仕掛けになるといえる。

　楽天市場におけるメルマガは、楽天スーパーSALEやお買い物マラソン（第5章で解説）など、イベント開催のたびに送ることが望ましい。できるだけ手間と時間をかけずにメルマガを制作し、効率よく情報発信していく仕組みを作ることがポイントとなる。内容はいたってシンプルにして、新商品の情報やセール情報など、お客にとってお得感のあるコンテンツをわかりやすく書いたものを配信するだけで十分といえる。

「そんな簡潔で面白みのないメルマガをお客が読んでくれるのか？」

そう思われるかもしれないが、そもそも商品に興味がなければ、メルマガも LINE も読み続けてはくれない。**商品情報を掲載したメルマガを読まない時点で、すでにそのお客はメルマガを通じて優良顧客に育ってくれる可能性は低い**と考えたほうがいい。

　先述したように、今の楽天市場のメルマガは、直近に反応したお客に絞ってメルマガを配信しているため、ショップや商品に対して熱量の高いお客は「読む」、熱量の低いお客は「読まない」と、両極端になっている。無理をして「メルマガで商品に興味を持ってもらって、いつか購入してもらおう」という手の込んだ販促を展開するのは、今のネットショップとメルマガの販促パワーを考えると非効率といえるだろう。

テキストとHTML、どちらがいいか

　メルマガは「テキスト」と「HTML」のどちらがいいのかという質問もよく受ける。

　情報を文字で読ませて、イメージを湧かせて商品を買ってもらうのか。
　画像で見てもらって、商品を欲しくさせるのか。

　取り扱う商品や戦略によって、テキストがいい時もあれば、HTML がいいときもある。

　ただし、**HTML のメルマガは開封率など**が測定できるため、メルマガの件名や内容を改善してメールマーケティングを強化したいネットショップであれば、HTML でメルマガを配信したほうが得策といえる。文字を読ませてイメージを湧かせたいというネットショップの場合でも、HTML でテキスト風のメッセージを配信することも可能だ。メールマーケティングに軸足を置いているネットショップであれば、HTML メルマガのほうがおすすめといえる。

楽天市場のメルマガは送信枠がある

楽天市場のメルマガは開封率が高い分、多くの店舗が送りたがる。しかし、楽天店舗のメルマガが多すぎて、ドコモなど携帯会社からクレームが来た経緯もあり、**楽天市場のメルマガは時間単位で送信できる枠数が決まっている**。通常の日は問題なく送ることができるが、楽天スーパーSALEなどイベント期間中の売れやすい日・時間は以下のように埋まってしまうことが珍しくない。

イベント開催のスケジュールを見ながら、計画的にメルマガを用意していく必要がある。

メルマガの予約状況

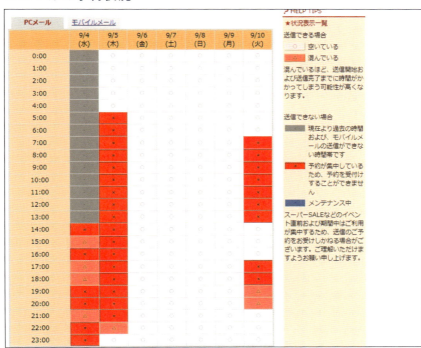

column

確実に届くSMSを活用する

　注文情報や決済手段に不備があり、お客にメールで連絡しても気づいてもらえない場合、件数が多くなければ電話で連絡することもあるが、知らない番号からの着信に応答してもらえないケースも多々ある。そのような場合は、スマホでおなじみのSMS（ショートメッセージサービス）でメッセージを届けるのが効果的だ。SMSは、インターネット回線ではなく、電話回線を通じて送られるため、相手がデータ通信用の携帯電話を使っていたり、海外に渡航していたりしてSMSの着信を拒否していない限り、基本的にはメッセージを100％到達させることができる。

　ただし、ネットショップがSMSを利用しようと思うと、個人で使用している自分のスマホからメッセージを送信することになり、**プライベートの電話番号まで伝えなければいけなくなる**。そのため、会社用のスマホを用意するのも一手だが、PCではなく、スマホの小さな画面でやりとりするのは、非常に手間といえる。PCからSMSを送信できるサービスを利用することもできるが、月額1万円の固定費や1通10円前後の費用が必要になり、コストもかかる。

　ECマスターズでは、月に一定通数まで無料でSMSを送信できるサービスを会員に提供しており、特に名入れギフトやレンタル商材のお客との事前の確認には重宝されている。もし、お客と連絡が取れなくなることにストレスを感じていれば、導入を検討してもらいたい。

ネットショップはレビューが命！
高評価レビュー増加大作戦

レビュー数や評価はネットショップの売上に影響する

　第2章で、レビューの増やし方についての基本は解説した。ここではさらに詳細なレビューの集め方のノウハウについて解説したい。

　まず、楽天市場のルールとして、注文時にインセンティブを与えて、お客にレビューを書いてもらうことはご法度となっている。以下のような事例の施策はペナルティの対象になるので、注意が必要である。

「レビューを書いてくれたら500円引き」
「レビューを書いてくれたら送料無料」
「レビューを書いてくれたらオマケをつけます（同梱)」

　一方、楽天市場側が認めているレビューの収集方法は以下の2パターンである。

①注文後の発送によるサービス品の提供
②次回注文時に利用できるクーポンの配布

　たとえば、掃除機を販売しているネットショップが

「レビューを書いてくれたら、掃除機の紙パックを10個プレゼント」

という特典をつけて、レビューを効率よく集めるのは、ほかの商材でも展開できそうなユニークなアイデアといえる。

　また、レビューを書いたことで、保証期間を延長するサービスなどを提供する手法は、「損したくない」という顧客心理が生まれるので、家電や家具

などの商品を扱うネットショップにはおすすめである。別送する特典の送料がかからないサービスなので、特にメーカーにはおすすめの方法といえる。

▌レビューを書いてもらうための「3つの環境づくり」

「レビューを書いてもらう」という行為は、お客にとって大きな負担になる。店舗側からお願いしても、わざわざ時間を割いてレビューを書く行為はお客から店舗に対しての"奉仕"になってしまうため、ネットショップや商品に対してよほどの強い思いがない限り、レビューを書くことはない。そのようなお客に対して、いかにしてレビューを書いてもらうのか、施策をいくつか紹介したい。

▶ ①レビューを書くことを常に意識させる

商品ページの目立つところに、レビューの特典案内のバナーを設置したり、商品の同梱物としてレビューの案内チラシを入れたりして、「レビューを書いたら得する」ということを常にお客に期待させることが、お客がレビューを書く動機につながる。

▶ ②レビューを投稿しやすくする

レビューの特典案内ページに、

「思っていたカラーで着心地もよかったです！★★★★★」

のように書いてもらいたい例文を見せることで、お客が何を書けばいいのか頭を悩まさずにレビューを書けるようにアシストしてあげることが、高評価のレビューを増やすことにつながる。

▶ ③レビューが役に立った実感をもってもらう

書き込まれたレビューに対しては、できるだけ早くお礼の返信をして、感謝の気持ちを伝えるようにしよう。返信を受けたお客は、「自分の書き込ん

レビューの特典バナー	特典ページの例1	特典ページの例2

だレビューがネットショップの役に立った」と実感を持つようになり、継続的にレビューを書きこんでくれる優良顧客へと成長してくれる。

評価の低いレビューはチャンスと思え

　評価の低いレビューが入った場合でも、誠心誠意、謝罪すれば、逆に店舗の評価が上がることもある。**レビューは悪い評価のほうが新規客に読まれやすい**ため、思いを込めた謝罪の文章を返信すると、その内容を見たお客は「しっかりクレームに対応する店舗だ」と認識して、店舗に対して好感を持ってくれるきっかけにもなる。

　ネット上の謝罪文は、文字数が多ければ多いほど、一生懸命、謝罪していることが視覚的に伝わるので、可能な限り長文で返信するほうが得策といえる。また、どんなに横暴で理不尽なレビューだったとしても、「新規顧客が見ている重要な場」だと理解して、平謝りで謝罪文を書くことが、低評価のレビューから購入者に転換させるための施策といえる。

一方、コピペで定型文のような謝罪文を返信してしまうと、ほかのお客の逆鱗にも触れてしまい、低評価が連続して炎上状態に発展するケースもある。レビューは転換率を上げるための商品ページのコンテンツだと理解して、丁寧な対応を心がけることが重要である。

　謝罪文を書くことが苦手な人は、ChatGPT などの**生成 AI に代筆してもらう**のも一手といえる。謝罪したいキーワードを生成 AI に伝えて、おおよその文字数を設定すると、誠意ある長文の謝罪文を制作してくれる。

　なお、本来はネットショップに問い合わせれば対応できる内容を低評価レビューとして投稿される場合もあるが、そのような低評価のレビューの投稿に気づかないショップも多い。RMS サービススクエア GOLD SERVICE に認定されている「らくらくーぽん」では、低評価商品レビューが書き込まれた際に、即座にネットショップが認識できるような機能を搭載している。

　評価の低いレビューを書きこまれないためには、**日ごろから店長やスタッフのキャラクターを全面に出しておく**のも一手である。お客も売り手側に親近感を持って商品を購入してくれるので、評価の低いレビューがつきにくい関係性を作ることができる。たとえば、食品を製造・販売するネットショップの場合、生産者や企画者が購入者に対してお礼のメッセージカードや商品についての思いなどを添えて商品を送ると、ネガティブなレビューは書かれにくくなる。このように、売り手側のキャラクターを打ち出した、パーソナルブランドの構築も、重要なレビュー施策になる。

低い評価のレビューがつきにくい商品を売る

　低い評価がつかないように、商品ページも工夫する必要がある。たとえば、商品写真をできるだけ多く載せることで、購入前の誤解や思い違いを減らし、不満を抱きにくくすることも、レビュー対策の1つといえる。低い評価は、購入前と購入後のギャップでつくものなので、**商品情報をできるだけ多く載せてお客の不満を解消する**ことは、低い評価をつきにくくする施策といえる。

　また、売りたい思いが強すぎて大げさなキャッチコピーをつけてしまった

り、過度に煽るような言葉を使ったりしてしまうと、レビューが荒れる要因になる。表現の自制を持って商品ページを作ることを心がけたほうがいいだろう。

---

column

多くの楽天市場のネットショップが誤解している SNSと動画の活用

　Instagram などの SNS や、YouTube などの動画の活用が E コマース業界で注目を集めている。楽天市場でも SNS や動画を活用するネットショップが増えており、実際に成果をあげている店舗も出てきている。

　しかし、ここで誤解してほしくないのは、自社の SNS で商品を紹介するよりも、**第三者の SNS で紹介してもらったほうが、売上につながりやすい**点である。店舗側が「この商品はいいですよ」とアピールしても、楽天市場のネットショップでは「どうせ買ってほしいんだろう」という思いが見え隠れしてしまい、お客のハートを鷲づかみするようなコンテンツを制作することは難しい。それよりも、第三者であるインスタグラマーやユーチューバーが、「この商品はいいですよ」とアピールしてくれたほうが、よりお客にとって信頼できて、魅力のある商品のように伝えることができる。

　楽天市場には、ユーザー同士が商品を紹介しあえる「ROOM」というサービスがある。多くのインフルエンサーがこのサービスを積極的に利用し、商品を紹介したことによってアフィリエイト収入を得ている。

　メルマガや LINE を活用しているネットショップが、お客に対して

「専用の割引クーポンを提供しますので、SNSで商品を紹介してください」

とキャンペーン告知をすれば、Instagram や YouTube で商品を紹介してくれるかもしれない。LINE やメルマガを購読している時点で根っから

のファンであり、その中に有名なインフルエンサーがいれば、SNS や
動画経由で商品が売れるようになる可能性は十分にある。

アフィリエイトは
取り組むべきか？

アフィリエイト経由の売上が3割以上のネットショップも

「楽天アフィリエイト」とは、楽天市場に出品している商品を、アフィリエイターと呼ばれる第三者がウェブサイトやブログで紹介し、そこから売れた分だけの報酬を店舗が手数料として支払う代理店制度のことである。

店舗側は、アフィリエイト経由で売れた売上に対して、商品ジャンルごとに定められた2〜4％のアフィリエイト料率を支払うことが定められている。さらに、アフィリエイターに支払った成果報酬の合計金額に応じて、15〜30％の適用料率をかけ合わせたアフィリエイトのシステム利用料を楽天市場に支払う。

たとえば、楽天市場に出店している腕時計店のアフィリエイト経由の売上が10,800円だった場合、腕時計ジャンルのアフィリエイト料率は2％になるので、

10,800円×2％＝216円

を商品を紹介してくれたアフィリエイターに支払うことになる。

さらに、アフィリエイトに対して支払う成果報酬が30万円未満の場合は、適用料率が30％になるので、

216円×30％＝65円

のアフィリエイトシステム利用料を支払うことになる。

このように、店舗側はアフィリエイターに支払う報酬と、楽天市場に支払うシステム利用料の2つの支払いを通じて、商品を販売するのである。

アフィリエイトの仕組み

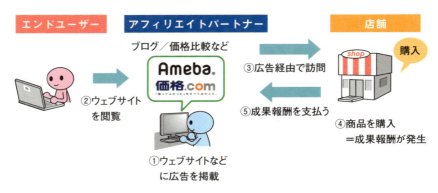

楽天の公式マニュアルの図をもとに作成

　売れた分だけ報酬を支払う仕組みは、ネットショップ側にとってはリスクの少ない販売方法といえる。RMSでみると**アフィリエイト経由の売上が3割以上を占めているネットショップもあり**、「アフィリエイトを強化すれば、売上が伸びる」と期待する店舗も少なくないはずである。

　しかし、実際はアフィリエイト料率を増やすだけでアフィリエイト経由の売上が伸びるというような、かんたんな話ではない。

　ひと昔前までは、有名ブロガーにいかに自社の商品を紹介してもらうかが重要だった。しかし、近年のGoogleのアルゴリズムのアップデートで、個人ブロガーのサイトの検索結果の順位が大幅に下落。以前のようにブロガーが商品を紹介したからといって売れるような時代ではなくなってしまった。

　代わりに台頭してきたのが、インスタグラマーやユーチューバー、ティックトッカーなどのインフルエンサーたちである。ROOMなどを活用した新しいアフィリエイト経由の売り方を構築し、ネットショップ側も時代の変化に合わせて、インフルエンサーたちに積極的にアプローチするようになった。動画やSNSをチェックして、インフルエンサーに直接連絡を入れてお願いしたり、広告代理店を経由して交渉したりして、店舗のアフィリエイトの戦略も大きく変わっていった。

店舗側ではコントロールしにくくなったアフィリエイト経由の売上

　個人のアフィリエイターだけではなく、オウンドメディア経由のアフィリエイトの売上も大きい。Googleショッピング、「価格.com」や「マイベスト」などの企業が運用するメディア、「ハピタス」や「モッピー」などのポイントサイトも、アフィリエイトサイトに含まれる。楽天市場の商品のアフィリエイトも、これらの法人企業のオウンドメディア経由の売上が大きいことを理解しておいたほうがいい。

　たとえば、オウンドメディアで冷蔵庫の比較サイトを構築したとする。パナソニックや日立などの有名メーカーの冷蔵庫を紹介することで、アフィリエイト経由の売上が立ちやすくなるので、低いアフィリエイト料率でも紹介したいという事情が生まれる。

　一方、アフィリエイトの料率を20％に設定した無名の冷蔵庫の場合、だれもその商品を欲しがっていないため、Googleショッピングなどで上位表示されたとしても、アフィリエイト経由の売上が伸びるとは限らない。仮に見込み客をオウンドメディアに呼び込めたとしても、無名メーカーの冷蔵庫を欲しい人が少ないので、やはりアフィリエイト経由の売上は成立しにくくなってしまう。

　このように、法人のオウンドメディアは、報酬が発生しやすい「売れるものをさらに売る」という目的で運営されており、**アフィリエイトの料率が高**

価格.com

マイベスト

ハピタス

モッピー

いからといって、**無名ブランドの商品や、売りにくい商品を紹介するような売り方をしていない**。

個人のブロガーやアフィリエイトであれば、創意工夫しながら、料率の高い商品を売ることに力を入れてくれたが、そのようなアフィリエイトの"良き時代"は終焉を迎えてしまったのである。

わかりにくいアフィリエイト経由の売上

もう1つ、店舗側がアフィリエイト経由の売上をコントロールしにくい理由は、報酬発生の複雑な仕組みにある。

楽天アフィリエイトは、ユーザーがアフィリエイトのリンクを貼ったバナーをクリックし、24時間以内に商品をカートに入れて、89日以内に購入すれば、すべてがアフィリエイト報酬の対象となる。

たとえば、ネットショップAの商品のアフィリエイトバナーを踏んで、そのまま買わず、89日以内にネットショップBの商品を購入すれば、その商品の売上は「ネットショップBのアフィリエイト経由の売上」とカウントされてしまう。

つまり、自社の商品を紹介しているアフィリエイトではなく、**他社の商品を紹介しているアフィリエイト経由でも、「アフィリエイト経由の売上」としてカウントされてしまう**のだ。そのため、本当にその注文がアフィリエイト経由なのかどうなのか、わからなくなってしまうのである。

ネットショップの売上の多くをアフィリエイト経由の売上が占めていたとしても、それは他社の商品のアフィリエイト経由の売上の可能性もある。アフィリエイトの施策と売上が比例するものではないのだ。

また、アフィリエイトの適用料率は5〜20％まで1％ずつ引き上げることが可能なので、料率を上げれば、優秀なアフィリエイターが商品を紹介してくれて、売上アップにつなげられるのではないかと考える店舗も多い。しかし、報酬が増えたからといって、アフィリエイターやオウンドメディアが積極的に商品を紹介してくれるものでもない。また、料率アップが適用された商品は、楽天アフィリエイトで報酬上限として設定されている1商品1,000円

楽天アフィリエイト

までの報酬上限対象外となるため、思った以上に報酬額の負担が大きくなる可能性もあり、注意が必要だ。

　このような事情を考慮すると、アフィリエイトの料率は闇雲に上げないほうがいい。楽天アフィリエイトのサイトでショップごとの料率設定を確認することができるので、ライバルのネットショップの動向を参考にしながら、**特定のジャンルの商品のみ上位パートナーの料率を上げるなどのほうが得策といえる。**

第 **5** 章

セールを制するものは楽天市場を制する

第4章で学んだクーポンや LINE をさらに活かし、「楽天スーパーSALE」や「お買い物マラソン」で売上を最大化させる方法をレクチャーする。イベントの特性上、新規顧客を増やす絶好のチャンスでもあるので、これから紹介する攻略法を参考にして、売上アップにつなげてもらいたい。

新規客を増やす
「お買い物マラソン」攻略法

▶「楽天スーパーSALE」と「お買い物マラソン」の違いは？

「楽天スーパー SALE」と「お買い物マラソン」は、購入した店舗数に比例して、ポイントの倍率がアップしていく買いまわりイベントのことである。**最大で10店舗で購入すればポイントが10倍付与される**ことから、お客からの注目度も高い。

さらに「楽天スーパー SALE」では、楽天がテレビ CM など宣伝をおこなうので集客力が大きく上がる。くわえて、店舗がセール価格に設定した商品を目立たせる「楽天スーパー SALE サーチ」という仕組みもあり、店舗がセール価格に設定することで、売上が伸びやすくなる特徴がある。

一方、お買い物マラソンはほぼ毎月のように開催されており、過去に多いときで月に3回開催されたこともある。買いまわりで付与されるポイントは、利用期限つきではあるものの楽天市場が負担してくれるため、販促の予算が少ないネットショップは可能な限りこのイベントに参加することをおすすめする。

お買い物マラソンは、できるだけ多くのネットショップを回って買い物をすることが目的になるため、「何を買うか決めていないけど、とりあえず何か買おう」と購入商品を決めずに楽天市場内を徘徊しているお客が多い。日用品や消耗品のほうが買われやすいため、**できるだけ低価格の商品をラインナップしたほうが、新規のお客が流入しやすい。**

お買い物マラソンでは、ポイントが付与される条件として「1注文につき1,000円以上（税込）」というルールが定められている。それにあわせて、**990円にするよりは1000円ポッキリにする**など、その規定に近い価格の商品を用意することで、買いまわり客を誘導することができるようになる。

たとえば、「送料無料1,000円ポッキリ」というような入口商品は、お買い物マラソンのお客とっては買いまわりの対象になり、「ためしに買ってみよ

う」と食指が動かしやすい商品になる。

　送料込みで1,000円という価格帯の商品を作るとなると、多くのネットショップは赤字になると思われる。しかし、お買い物マラソンで買いまわりのお客を新規客として獲得し、LINEやクーポンでファンに育て上げていく導線ができていれば、見込み客の獲得コストとして割り切るべきところでもある。

お買い物マラソンを「安売り」で終わらせないための5つの施策

　お買い物マラソンの施策では、「安売りで終わらせない」という強い意志を持つ必要がある。漠然と送料込みで1,000円の商品を販売し、「商品を気に入ってくれれば、いつかまた買ってくれるだろう」という甘い考えは捨てなくてはいけない。

　お買い物マラソンに参加しているお客は、少しでも安く商品を購入し、できるだけ多くの楽天ポイントを集めようとしているヘビーユーザーも多くいる。いろいろな店舗を見て回り、毎回違う商品を買い求めたいお客なので、**そうかんたんにリピート客に引き上げられるとは思わないほうがいい。**

　お買い物マラソンで新規客の獲得を目的とした、低価格商品を販売する場

楽天スーパーSALEとお買い物マラソンのちがい

	お買い物マラソン	楽天スーパー SALE
開催頻度・時期	毎月1〜3回	3・6・9・12月の年4回
買いまわり	ポイント最大10倍 上限5,000〜7,000ポイント	ポイント最大10倍 上限7,000ポイント
その他	11月後半は、楽天市場のブラックフライデーとして開催	楽天スーパー SALE サーチが公開 割引：10%以上 半額：50%以上

合は、以下の5つのポイントはぜひ押さえてもらいたい。

▶ ①第2章で解説した、お客に覚えてもらえる店舗名、商品名をつけること。可能な限りお客の記憶に爪痕を残すようなコンセプトのネットショップにする。

▶ ②「入口商品」のページからイベント会場へ誘導するバナーを設置し、ほかの商品ページを案内したり、まとめ買いの SKU を追加したり、組み合わせ販売でついで買いをしやすくする。

▶ ③ LINE 活用はマスト。入口商品であっても、LINE で友だち登録してもらい、レビューの投稿を積極的に促し、レビュー数を増やして、次回のお買い物マラソンでも新規のお客が買いやすい商品ページを作ることに注力する。

▶ ④「○○○○円以上で○% OFF」など、単価アップのクーポンを配布する。また、次回に購入してもらうためのサンキュークーポンを配布する。

▶ ⑤ネットショップの案内や、商品を紹介するチラシなどを同梱して、お客に店舗名を忘れられないようにする。LINE 公式アカウントの友だち登録やレビュー投稿を促すキャンペーンなどをチラシで紹介するのも一手。

この5つの施策ができていない状態で、お買い物マラソンで「送料無料1,000円ポッキリ」の商品を販売しても、新規顧客の獲得コストを回収できず、赤字の垂れ流しで終わってしまう。

このような基本の店舗づくりができていないネットショップは、楽天スーパー SALE やお買い物マラソンに参加する前に、「らくらくーぽん」や「LSEG」などのサービスを導入して、リピート客を増やす施策の準備をし

ておいたほうがいいだろう。

高価格帯の商品は、LINEやメルマガの告知で集客

　高価格帯の商品を取り扱うネットショップでも、お買い物マラソンを有効的に活用することができる。事前にメルマガやLINEでお客を囲い込み、多くのポイントが付与されるお買い物マラソンでセールの告知をおこなえば、「機会があれば買おうと思っていた」という心理が働いて、購入に結びついてくれるかもしれない。

　このようなプッシュ型のマーケティングを仕掛けるためにも、非リピート商品や高価格帯の商品でも、日ごろからメルマガやLINEを活用した販促はおこなっておいたほうがいいだろう。

楽天スーパーSALEで
売上を最大化する方法

▶ 普段から売れている商品ページで勝負する

　楽天スーパーSALEは、楽天市場が年4回開催している大型セールである。お買い物マラソンと同じネットショップの買いまわりキャンペーンを実施しており、ポイント付与の倍率が上昇していく仕組みを取り入れている。テレビCMと目玉商品の多さで新規客を取り込み、楽天市場の総流通額を一気に伸ばすことから、ネットショップにとって"天王山"のような販促イベントとして位置づけられている。

　楽天スーパーSALEは、毎年3月・6月・9月・12月におこなわれて、開催期間は約1週間。その日程の中の**5日と10日が絡む日に楽天カードで買い物をするとポイントの倍率が上昇する**ことから、売上がこの2日間に集中する（初日限定のタイムセールなどを企画した場合は除く）。

　一方、楽天スーパーSALEに参加すれば売上が伸びると安易に考えて、赤字を垂れ流すだけで終わってしまうネットショップも少なくない。「たくさん売れる」という感覚は中毒性が強く、「儲かっている」という錯覚を起こしやすいため、無理をして赤字で販売するネットショップも多い。

　目の前の売上が立ってくれるので、年末の資金繰りが苦しい会社にとって、現金化できる楽天スーパーSALEはありがたい存在ではある。しかし、赤字を垂れ流す販売方法だと、繰り返せば繰り返すほど、経営が苦しくなる悪循環に陥ってしまう。

　そうならないためにも、楽天スーパーSALEで確実に利益を生み出す店舗を構築することが、息の長いネットショップ運営につながっていく。

　楽天スーパーSALEの攻略は、「事前準備」がカギを握る。楽天サーチや楽天ランキング経由のお客が、ほっといても買いに来てくれる「売れる商品ページ」を構築し、そこに楽天スーパーSALEのお客が大量に流れ込んできて、商品が通常時よりもたくさん売れるというのが、楽天スーパーSALE

の基本的な戦略になる。

つまり、楽天スーパーSALEは「売れる商品ページ」があってこそ販促パワーを最大化できるものであり、「売れる商品ページ」がなければ大量に押し寄せてくる楽天スーパーSALEのお客を取り込むことができずに終わってしまうのである。

楽天スーパーSALEでは、「楽天スーパーSALEサーチ」という値引きをおこなったうえで申請した商品が掲載される特別な検索が用意され、アクセスアップが期待できる。ただし、申請するには販売期間を楽天スーパーSALEの期間に合わせる必要があり、**申請してから楽天スーパーSALEが始まるまでは販売期間外になってしまい、販売ができなくなる。**

そこで、楽天スーパーSALE用に商品ページを新しく登録するネットショップもあるが、この施策を展開すると**楽天スーパーSALE終了後に販売停止にしないと規約違反になってしまう**ので、場合によっては楽天サーチにも楽天ランキングにも商品が掲載されない商品ページになってしまう。楽天スーパーSALE期間中も新しい商品ページになってしまうので、レビュー数も少なくなるうえ、普段販売している商品ページとレビューが分散されてしまい、販促パワーの劣った商品ページで楽天スーパーSALEを戦わなくてはいけなくなってしまう。

楽天スーパーSALEで売上を最大化させるためには、まずは「売れる商品ページ」を作ることが重要であり、既存の「売れる商品ページ」で楽天スーパーSALEのお客を集客しなければいけないのである。

儲からなくても楽天スーパーSALEに参加する意味がある場合とは

楽天スーパーSALEで商品を売っても「儲からない」と判断すれば、無理をして参加する必要はない。安売りをしても利益が出なければ意味がないし、リピート客を増やす施策がなければ、仮に新規客を獲得することができても、長期的に見れば売上を作ることはできない。基礎体力のないネットショップが売上だけを目指すのであれば、むしろ参加しないほうが得策といえる。

第5章 セールを制するものは楽天市場を制する

ただし、以下の目的で楽天スーパー SALE を活用するのであれば、参加する価値は十分にあるといえる。

・動きの悪い在庫を現金化したい
・「売れる商品ページ」を作るために販売数を増やしたり、レビュー数を増やしたりしたい

このような具体的な目標があれば、楽天スーパー SALE はネットショップにとって有効な場になる。しかし、売上を伸ばすことだけが目標になっていたり、売れることだけが快感になっていたりするような店舗の場合は、赤字を増やす施策になってしまう可能性があるので、参加は慎重に検討したほうがいいだろう。

楽天スーパー SALE サーチに申請する商品の販売期間は、**全日程を指定する必要がない**点にも注意してほしい。売上が伸びる5日と10日を絡めれば、短期間で終わらせてもいいし、薄利多売で人件費などのコストが増大するのであれば、早々に楽天スーパー SALE から手を引くのも一考の価値がある。

楽天スーパーSALEにあわせて広告を出すべきか？

楽天スーパー SALE 時の広告に関しては、ケースバイケースで考えたほうがいいだろう。たとえば、セール期間中に検索連動型の RPP（詳細は第6章を参照）を展開すると、多くの人が楽天サーチを閲覧してくれるので、売上を増やすことにつながる。しかし、通常時よりも競合店が広告を出稿するため、クリック単価が上昇し、早々に予算を消化して広告が表示されなくなってしまうケースも多い。広告の運用をしっかり管理しなければ、機会損失が起きたり、費用対効果が悪くなったり、大きな損失を生む可能性があるので、注意が必要である。

RPP を使って想定以上に売上を伸ばす店舗もあれば、想定外に広告費がかかる店舗もある。楽天スーパー SALE の動向を見ながら、慎重に広告費の予算を調整したほうが得策である。

もし、広告費の予算に余裕があれば、楽天スーパー SALE 前に公開される広告を検討することをおすすめする。楽天スーパー SALE には、超目玉枠、目玉枠、最安値枠など無料で参加できる広告も存在するが、エントリーには条件があり、抽選となる。

熱量の高いお客は、事前に楽天スーパー SALE でどのような商品が売り出されるのかチェックし、欲しいものに目星をつけて、「お気に入り」に入れてセールの日まで待機する。そのようなお客を獲得するために、セールの事前広告を展開するのも、売上を伸ばす施策として一考する価値はある。

ただし、そのような旨味のある広告枠は、ECC（店舗を担当する EC コンサルタントの略語、第7章も参照）経由でしか購入できない特別なものもあり、日ごろからの ECC とのつきあいがものをいうところもある。楽天スーパー SALE で売上を伸ばすためには、**マーケティングの施策だけではなく、ECC とのコミュニケーションも大事**であることは、理解しておいたほうがいいだろう。

> ## column
>
> ### 「CSV商品一括編集」に1万円払うべきか？
>
> 楽天市場に大量の商品を登録する際、面倒な手作業を省くために「CSV 商品一括編集」というオプション機能がある。たとえば、楽天スーパー SALE の直前にすべての商品を10％オフに変更する場合など、「CSV 商品一括編集」を利用すれば、数百、数千の商品情報を一瞬で書き換えることができる。
>
> Amazon や Yahoo! ショッピングでは CSV ファイルによる一括更新は無料で利用できるが、楽天の場合「CSV 商品一括編集」の利用料として月額1万円が発生する。この費用が妥当かどうかは、手動で商品をアップする「時間」と「手間」の労働対価を考えるのが大事だ。
>
> たとえば、100商品の検索対策として商品名に「母の日」などのキーワードを追加する場合や、楽天スーパー SALE として販売期間やセール価格を設定する場合など、手作業だと時間がかかるときは、月額1万円

以上の価値があるといえる。

　ほかにも知っておくべき観点がある。楽天の関連会社であるハングリードが提供する楽天公式の商品管理ツール「item Robot」など、複数モールの運営のために在庫連動ができる受注管理や商品管理が可能なシステムを導入する場合は、無料の Web API を利用することになるが、商品 API を利用する場合は「CSV 商品一括編集」を契約する必要がある。

　なお、EC マスターズクラブでは、「CSV 商品一括編集」や「楽天GOLD」のサーバーに、ファイルのアップロードを予約できるツールも提供している。これにより、楽天スーパー SALE が終了する午前1時59分の後、商品名や価格、販売期間を自動で変更でき、イベント終了後の売上の機会損失や割引表記の削除忘れによるガイドライン違反のリスクも回避することができる。

EC マスターズの「アップロード予約」

「イベント後に売れなくなる病」を解消する方法

セール以外でもしっかり売れ続ける店舗を作る

「お買い物マラソンや楽天スーパー SALE が終わると売れなくなる」

　そんな相談をよく受ける。これは楽天市場に限らず、ほかのモールでも実店舗でも、安売りしたあとは必ず反動が起きる現実として、店舗側も受け入れる必要がある。

　しかし、この売り方を繰り返していると、ネットショップ運営はどこかで息詰まることになる。「安くしなければ売れない」ということが常態化し、お客も「安くならないと買わない」という心理で店舗と接するようになるため、定価で商品を販売することが難しくなる。

「イベント後に売れない病」を克服するためには、お客に商品の「ファン」になってもらい、イベント以外でもショップを利用してもらう工夫が必要である。お客がネットショップや商品のファンになれば、店舗のことを応援したい思いから、ことあるごとに商品を買いに来てくれるようになる。ネットショップの応援団でもあるので、新商品や限定品が発売されれば購入してくれるし、ギフト品があれば友だちに送ったりもしてくれる。

お客に「ファン」になってもらう4つの施策

　商品や店舗の「ファン」が増えない理由は、情報発信不足に尽きる。たとえば、楽天スーパー SALE で購入してもらった段階では、お客は「安く買ったお店」という認識しか持っていない。それ以上の認識を持ってもらうためには、**「安いこと以外にも特徴があるお店」という意識に切り替える**必要がある。

　店舗の特徴、商品への思いなど、「どうしてこの商品は、この価格なの

か？」という付加価値を理解してもらうために、LINE やメルマガを通じて情報を発信し続けなければいけない。

セール後でもお客にファンで居続けてもらうための4つの施策を紹介する。

▶ ①安売りとは別軸の販促企画をおこなう

価格やポイントとは別軸のお得感を打ち出して、商品を購入してもらう機会を作る。たとえば、

・購入金額などの一定の条件を満たせば、オマケ商品をプレゼントする
・購入数に応じて、増量のサービスを提供する

などして、安売りというイメージを払拭する施策を展開する。

▶ ②定期的に販売とは無関係の企画を開催する

月1回程度のペースで"販売しない企画"を開催して、お客の関心を引く。たとえば、

・新商品に関するアンケートをお願いする
・食べ方のレシピを募集するコンテストを開催する

といったことも一手である。

Instagram を活用している店舗であれば、フォトコンテストなどを開催するのも、SNS のお客を活性化させることにつながる。

このように、「このネットショップは面白い」と思ってもらうコンテンツを定期的に発信することが、お客の興味を引き、LINE やメルマガを欠かさず読みたいという心理につながっていく。

▶ ③ギフト品を販売する

客単価をアップするためには、ギフト品に取り組むことが"マスト"といえる。母の日、父の日、クリスマスの日など、相手にプレゼントを贈るイベ

ントがあれば、限定品やセット商品を用意して、購入してもらうチャンスを
作ることが、お客に高い商品を買うことを習慣づける施策になる。

「うちの商品はギフト品に向いていない」

　そう考える人もいるが、それでも無理をしてギフト品はラインナップして
おいたほうがいい。たとえば、ベッドを販売している店舗であれば、商品を
入れている段ボールをラッピングしてあげたり、メッセージカードをつけた
りするだけで、十分にギフト品の候補として挙げられるようになる。少なく
とも、そのネットショップでベッドを購入して、そのベッドを気に入ったお
客であれば、「だれかに贈りたい」という気持ちが強くなるはずである。
　**ギフト品に向いていない商品であればあるほど、競合が少なく、売れる可
能性は高い**。実際、DIYの商品を販売しているショップでも、父の日ギフ
トの需要を取り込み、DIY好きの父親へのプレゼントとして購入につながっ
た事例もある。商品が高く売れる確率が1％でも高められるのであれば、積
極的にチャレンジしてほしい。

▶ ④季節イベントには全乗っかりする
　ギフト企画以外にも、販売のチャンスが作れるイベントにはすべて参加し
たほうがいい。たとえば、

・2月22日「ネコの日」
・5月5日「子ども日」
・11月22日「いい夫婦の日」

など、地味な販促企画でも、「購入する理由」を作ることができるのであれ
ば、徹底して便乗することをおすすめする。
　マイナーなイベントでも、店舗の商品にうまくひもづければ、ギフト品と
して売るチャンスを作ることができる。たとえば、10月の第3日曜日は「孫
の日」となっており、一部の百貨店ではオモチャや子ども服のギフト品を販

売する売り場もある。

このようなマイナーなイベントは、**Googleで「今日は何の日」と検索したり、日本記念日協会の情報を参考にしたりして探す**と、思わぬ販売企画のヒントを見つけ出すことができる。

---

column

安売りに依存するのは、日々の業務に追われているから

楽天市場の店舗がセールに依存してしまうのは、日々の業務に追われてしまい、セールでしか売上を作ることができないからである。ネットショップの付加価値を上げる商品づくりや販促企画を展開する時間の余裕がないので、安くすれば売上が作りやすいセールばかりで商品を売ろうとしてしまうのである。

もし、本気でセール後に商品が売れなくなる現象を解消したければ、**最低でも半年前から、その新たなイベントに向けて商品企画や販促企画を作り始める必要がある**。ざっくりとした販売までのスケジュールを考えると、

・新たな商品企画を考えるのに1ヶ月間
・社内の同意やリサーチにかける時間が1ヶ月間
・商品開発に2ヶ月間
・売れる商品ページを作り込むのに2ヶ月間

と、お客に付加価値の高い商品を購入してもらうためには優に6ヶ月間の時間を要する。たとえば、11月22日の「いい夫婦の日」に夫婦茶碗を販売する場合、最低でもゴールデンウィークの明けた5月中旬頃から販促企画に向けて動き出さなければ、間に合わないことになる。

しかし、多くのネットショップが5月下旬に考えていることは、6月におこなわれる楽天スーパーSALEだろう。「安く買うことを目的にするお客に対して、いかに安く売るかを考える」という、永遠に利益の

出ない施策を繰り返すことになってしまうのである。

　多くのネットショップが発症している「**セール後に売れなくなる病**」は、店舗が目の前の売上のことしか考えていない、その場しのぎのネットショップ運営に終始していることが要因なのである。半年先の販売スケジュールを見越して、安売り以外で売上を作れるお店になることが、安売りに依存する店舗からの唯一の脱出策になるのである。

「楽天スーパーDEAL」に向いている店舗、向いていない店舗

利益率の低いネットショップには厳しい売り方

「楽天スーパーDEAL」とは、**最大50％のポイントを還元**することが可能な、楽天市場の会員だけが利用できるサービスのことである。たとえば、楽天市場のネットショップで5,000円の商品を購入した場合、通常であれば1％で50円相当のポイントを獲得することができる。これが楽天スーパーDEALの場合、最大50％のポイントバックが可能になるので、5,000円の商品を購入したお客は最大2,500円相当のポイントを受け取ることができる。

楽天市場の会員にとっては非常に魅力的な売り場であり、楽天スーパーDEALを積極的に活用しているヘビーユーザーも少なくない。

楽天ポイントの還元率が検索結果に赤字で表示される

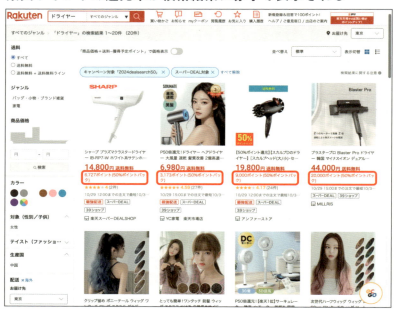

楽天スーパー DEAL に商品を登録すると、楽天サーチにも商品ページがヒットするので、高い集客力を発揮することができる。楽天ポイントの還元率が検索結果に赤字で表示されるため、競合の店舗と競り合った時にクリックされる確率も高まり、期間限定で販売することも可能なことから、積極的に楽天スーパー DEAL を活用するネットショップも多い。

一方、ポイントを大幅に還元する分、利益を削られてしまうことも頭に入れておく必要がある。還元したポイントはすべて店舗負担になり、楽天スーパー DEAL の対象商品が売れた場合、**通常の手数料に加えて、追加で10%の手数料を支払う必要がある。**

高いポイント還元率でお客を引っ張ることができても、利益率の薄い商品を扱っているネットショップでは、楽天スーパー DEAL の恩恵は受けにくくなってしまう。

メーカーは強いが、無名ブランドは弱い

そもそも楽天スーパー DEAL は、景品表示法の定めたポイント還元率20%を超えて販売できるのがウリである。楽天会員に登録した顧客に限定して販売することで、景品表示法の表示規制の対象ではなくなり、最大50%という高い還元率を実現できることが最大の魅力となっている。

つまり、この楽天スーパー DEAL とは、公に値引きして商品を販売しにくいメーカーや、ブランド力のある商品を販売しているネットショップなどが、堂々と高いポイント還元率をうたい、販売することが主目的となる。無名メーカーの商品や、ノンブランドの商品を「ポイントを50%還元します」と言われても、**もともとの定価がわからければ "お得に買う" というメリットが感じにくくなってしまう**ため、楽天スーパー DEAL では売りにくい商品になってしまうのである。

このように、楽天スーパー DEAL は、利益の薄い仕入れ商品を取り扱うネットショップや、ブランドの力のない商品を取り扱うメーカーなどには、販売戦略が組み立てづらい売り場といえる。

一方、メーカーで型落ちの商品の在庫を抱えていたり、一般の人にも知り

渡っているようなブランド品の"訳あり"な商品を販売したりする場合は、好都合な売り場ともいえる。取り扱う商品と高い利益率によっては、新たな販売の柱になる可能性もある。これらの条件に当てはまるネットショップは、チャレンジする価値は十分にあるといえる。

---

column

定期購入／頒布会は、楽天市場では相性が悪い?

「定期購入」とは、同じ商品をユーザーが指定したサイクルで継続的に購入する方法である。一方、「頒布会」とは、店舗側が指定したお届け間隔で、商品を送付する販売方法である。わかりやすい事例でいえば、500ml入りのミネラルウォーター24本1セットを、毎月、決められた日に届けるサービスが「定期購入」であり、北海道の農家からメロンや野菜などの季節の食材が1ヶ月ごとに贈られてくるサービスが「頒布会」といえば、イメージがつきやすくなるのではないだろうか。

店舗側の立場からすれば、定期購入や頒布会は、長期的な収入の目途が立ってくれるので、非常にありがたいサービスといえる。毎回、商品を購入してもらうための販促費もかからなくなるので、広告費を抑えた販売を継続しておこなうことができる。

お客側にもメリットは大きい。お気に入りの店舗から商品が自動的に送られてくるので、わざわざ商品を選んでカートに入れる手間がなくなる。煩わしい手続きがなくなることは、タイパを重視する今の消費者にぴったりの売り方といえる。

双方にとってメリットだらけの定期購入と頒布会だが、楽天市場のお客を相手にすると事情が少し変わってくる。

楽天市場のお客は、「お得な商品はどれだ？」と楽天サーチやランキングからお目当ての商品を探すことが消費の大前提となっている。つまり、定期購入や頒布会のような**「選んでもいない商品が勝手に届く」という仕組みは、楽天市場のお客の嗜好とは真逆になってしまうところがある。**

一方、商品に魅力があり、唯一無二のオンリーワン商材であれば、定期購入や頒布会に持ち込むことができる。

　なお、楽天サーチや店舗内検索では、「定期購入・頒布会」という検索条件にチェックを入れることで、すでに定期購入や頒布会に取り組んでいる商品ページを調べることができる。リニューアルされた定期購入／頒布会の機能では、通常商品ページで販売でき、5,000円の月額利用料も無料になった。定期購入や頒布会に取り組む意欲のある店舗は、ビジネスモデルを組み立てる前に一度、競合のショップの売り方や商品などを参考にしてみることをおすすめする。

第 6 章

楽天広告の必勝法

楽天市場のネット広告のノウハウは売上アップに欠かせない一方で、店舗が薄利多売に陥る最大の要因にもなっている。広告の運用方法を知るか知らないかで、利益の残り方は大きく変わってくる。この章では「なぜ、広告が必要なのか？」という基本的な概論から、「どうすれば広告を使っても利益が出るのか？」という最終ゴールの話まで、丁寧にわかりやすくレクチャーする。

なぜ、楽天市場では「広告を使っても売れない」が起きるのか？

売れない商品ページにお客を呼び込んでも売れるはずがない

「広告」という言葉は、読んで字のごとく「広く告げる」という意味がある。つまり、広告には多くの人に認知させる力はあっても、多くの人にモノやサービスを「売る力」は備わっていない。その基本的なロジックを理解せずに、「広告を出せば売れる」と思っている店舗が、広告にお金をつぎ込んで、「売れない」と嘆いているのが、今の楽天市場のネットショップの現状といえる。

広告を使っても「売れない」を回避するためには、まずは「売れる商品ページ」を作ることが先決である。本書で何度も述べてきたことだが、楽天サーチや楽天ランキングで上位が取れていて、レビューの数が多く、評価の高い商品ページがなければ、そこにいくら広告を投資しても、お客が買うはずがないのだ。

しかし、多くのネットショップが、売れる商品ページを持たない状態で広告を出稿して、"売れない"という状況になっている。極論を言えば、**売れる商品ページを持つことが、楽天市場の広告を買う「出場権」を持つこと**であり、その出場権を持たないネットショップは、ひたすら売れる商品ページづくりに徹するべきなのである。

楽天市場の5タイプの広告を理解して、売り方の構造を学ぶ

楽天の広告にはさまざまな種類があり、違いや役割を把握することが難しい。広告運用の最適化を目指すために、まずは楽天市場にどのような広告があり、どのように運用すればいいのか、ざっくりと概要を解説する。

楽天市場には、大きく分けて5タイプの広告がある。

①楽天市場広告
②検索連動型広告（RPP）
③ターゲティングディスプレイ広告（TDA）
④運用型クーポン広告（クーポンアドバンス広告）
⑤効果保証型広告（楽天CPA広告）

これらのほかに、特別大型企画として目玉商材のエントリー、楽天市場ショッピングチャンネルなどの広告もあるが、まずはこの5つをしっかり理解しておこう。

▶ **①楽天市場広告**
楽天市場やジャンルのトップページ、楽天グループが運営するサイトやバレンタインや母の日などの季節のイベントに合わせて大々的に展開される特集ページなどに表示される。

楽天市場広告

▶ ②検索連動型広告（RPP）

　楽天サーチで検索された際に、上位に表示させて購入を促す広告。クリックするたびに予算が消化されていく、クリック課金型の広告である。お客が検索したキーワードや選択したジャンルと連動して、基本的には入札金額と売上などの実績をミックスした評価の高い順に表示される。

　また、検索結果に限らず、

・楽天市場のトップページの「あなたにおすすめの商品をチェック」
・検索結果下部の「おすすめピックアップ」
・アプリトップ下部の「○○○のおすすめ」
・アプリ商品ページ下部の「楽天市場の注目商品」

など、さまざまな場所にも掲載される。

検索連動型広告（RPP）

▶ ③ターゲティングディスプレイ広告（TDA）

　ユーザーの購入履歴や頻繁に閲覧しているページ、お気に入りなどから、その商品に対して興味がありそうな人に露出される広告。セグメントを細かく設定することが可能で、商品に適したターゲット層を絞ることができる。広告が表示されるごとに広告料が発生する。

▶ ④運用型クーポン広告（クーポンアドバンス広告）

　クーポンのお得感でお客を呼び込む広告。

・楽天サーチの検索結果上部やジャンルページに「クーポンが使えるおすすめ商品」
・ジャンルトップページの「あなたにおすすめのクーポン」

として表示されて、RPP同様、入札金額と商品実績をミックスした評価の高いものから順々に露出される。クーポンが取得されるだけで、1枚あたり

ターゲティングディスプレイ広告（TDA）

25円〜1,000円の費用が発生する。

そのほか、最近では

・ターゲティングディスプレイ広告 - エクスパンション（TDA-EXP）
・検索連動型広告 - エクスパンション（RPP-EXP）

もリリースされ、楽天市場外にも広告が掲載できるメニューも増えた。

▶ **⑤効果保証型広告（楽天 CPA 広告）**

　楽天スーパー SALE やお買い物マラソンのほか、5と0のつく日のキャンペーンやジャンル、イベントのトップページなど、お客が集まるところに露出させる広告。ほかの広告と異なり広告費は固定で、広告経由で商品が売れた場合は楽天市場に対して売上の20％の広告費支払いが発生する。表示・クリックのみでは広告費は発生しない。

運用型クーポン広告（クーポンアドバンス広告）

効果保証型広告（楽天CPA広告）

　なお、掲載されている広告の種類を判別するには、Google Chromeであれば、広告原稿にマウスのカーソルを重ねて、ブラウザの左下に表示されるリンク先で確認することができる。

・楽天市場広告
　→　https://grp10.ias.rakuten.co.jp
・検索連動型広告（RPP）
　→　https://grp07.ias.rakuten.co.jp
・ターゲティングディスプレイ広告（TDA）
　→　https://s-evt.rmp.rakuten.co.jp
・運用型クーポン広告（クーポンアドバンス広告）
　→　https://couponad.marketplace.rakuten.co.jp
・効果保証型広告（楽天CPA広告）
　→　https://grp301.ias.rakuten.co.jp

Chromeでの表示

クーポンアドバンス広告を選択しているので、下に「https://couponad.marketplace.rakuten.co.jp」から始まるURLが表示される。

　楽天広告の攻略法に関して、本書では①の「楽天市場広告」、②の「RPP」、③の「ターゲティングディスプレイ広告」、④の「クーポンアドバンス広告」を解説する。⑤の「CPA広告」は、どの商品が売れたかわからず、広告のチューニングもできないため、本書では解説を割愛する。

1年間の売上が決まる「楽天市場広告」の攻略法

季節イベントの特集広告で、年間売上の8割以上を占める店舗も

　楽天市場広告には、通年で販売される広告のほかに、母の日、クリスマス、バレンタイン、おせち料理など季節イベントのタイミングにあわせて販売される「特集広告」がある。毎年、定期的に商品を買いに来る楽天市場のヘビーユーザーも多く、イベントによっては店舗の売上の8割以上を季節イベントで稼ぐネットショップも少なくない。掲載期間も長く、Googleの検索とも相性がいいことから、楽天市場の中でも販促のパワーの強い広告の1つといえる。

　大手企業や売上がトップクラスの店舗には、ECCから"買い取り枠"と呼ばれるオリジナルのページを提案されることもあり、人気の広告枠になるとネットショップの熾烈な取り合いが起きることが多々ある。

　季節イベントで稼いでいる店舗にとって、人気の広告枠が取れるか取れな

特集広告

いかで、年間の売上が決まってしまうところがある。まさに死活問題に近い広告のため、ECCへの根回しやほかの店舗との情報交換などマーケティングとは別の力が重要になってくるのも、特集広告ならではの特徴といえる。

　特集広告の人気度は、リアルな季節イベントの注目度と比例する。ホワイトデーよりもバレンタインデーの特集広告のほうが販促のパワーがあり、父の日よりも母の日の特集広告のほうが、より集客効果が高まり、売れるネットショップが増える。

広告はライバル店舗の出稿状況をチェックしながら、早めに買う

　特集広告は、通常の楽天市場広告の中でも掲載期間が長いことから、事前審査の申請が必要な場合もある。また、月間の広告購入額が多い店舗や、その特集広告を一定額以上購入する店舗には、優先的に広告枠が販売されたり、予約することができたりする。いずれも、一般販売のスケジュールよりも早く担当のECC経由で注文することが可能で、申し込みが多い場合は抽選販売になるケースもある。

　そのような事情もあり、**RMSの広告（プロモーションメニュー）で購入できるものは、人気のない枠である可能性もある**。普段からライバルのショップの広告掲載の動向をチェックしながら、早めに広告枠を購入することをおすすめする。

　また、金額が高い広告＝クリックが多い＝費用対効果が高いとは限らない。もし表示率が高くない場合は、同じ特集広告内の別ページの広告枠も別途購入して表示率を上げるなどの工夫をするといい。

広告の原稿は差し替えが可能

　特集広告は、「競合店舗との比較」が基本戦略になる。"特集"というぐらいなので、類似の商品が同じページ内に数多く並び、そこのページに飛び込んできたお客は「どれがいいかな？」と比較しながら商品を探すことになる。

　つまり、比較されたときに競合店に勝てる商品、サムネイル、商品ページ

を作ることが特集広告の必勝法である。どれかの指標が競合店より劣ってしまうと、その時点で自店舗の負けが確定してしまうことになる。

「うちの店舗は○○の商品を扱っているから、この特集広告で売りたい」

そう思って広告枠を押さえても、競合店舗が手ごわければ、特集広告に適した商品でも売れなくなってしまう。

数十万円から数百万円もする広告費を無駄にしたくなければ、特集広告に出稿するネットショップを徹底リサーチすることである。「この競合店の中だったら勝てる」という自信を持って戦える特集広告を選んで出稿したほうが、売上が作りやすいといえる。

意外と知られていないのは、広告担当者にメールで依頼すれば、**広告出稿後でも画像やテキスト、リンク先を変更できる**ことである。1回の作業につき5,000円の差し替え費用が発生するが、競合店舗と商品が被っていたり、価格で負けていたりする場合は、広告を差し替えてしまうのも一手である。

特集広告改善の4つのチェックポイント

特集広告に掲載しても売上が芳しくない場合は、以下の4つのポイントをチェックしてみるといいだろう。

▶①サムネイルと広告文

思わずクリックしたくなるキャッチコピー、写真になっているかチェックする。たとえば、広告文に「牛肉2kg」と書くよりも、「メガ盛り牛肉」と書いたほうが、お得感をイメージさせ、広告をクリックする確率を上げることができる。

写真に関しても、利用イメージが湧くようにすることがポイントだ。たとえば、くだものナイフを販売する場合、ナイフだけの写真を使うよりも、くだものナイフでフルーツや野菜をカットしている写真のほうが、利用イメージを伝えることができ効果的となる。

▶ ②価格と送料

　ほかの店舗と比べて、低価格のギフト品を提示することができていなかったり、極端に商品価格が高かったりする場合は、商品のコンセプトから見直して、価格を調整する必要がある。

　また、送料無料での掲載がほとんどなので、ほかのショップと比較して見劣りするような価格や送料の表現になっていないかチェックしたほうがいいだろう。

▶ ③商品ページ

「松竹梅」の価格帯別で商品をアピールするほか、それ以外の商品の導線もしっかり作り込んで誘導する必要がある。

　また、早割やクーポンなどの特典をつけて、購入のハードルを少しでも下げる必要がある。

商品単体ではなく、利用イメージを伝える

▶ ④商品

競合店舗の商品を実際に購入し、商品のクオリティや梱包状態、メッセージカードの有無などをチェックする。レビューでお客の不満などを探ると、その商品のウィークポイントなどがわかり、自社の商品の改善点が見えてくる。

もし、競合店舗と同等、もしくは劣るような状況であれば、商品を入れ替えたり、コンセプトを見直したりして、差別化を図る工夫が必要である。

たとえば、バレンタインデーの特集広告の場合、単品のチョコで見劣りするようであれば、5種類のバラエティに富んだチョコを見せたりして、サムネイルや商品ページで華やかな雰囲気が出せるような商品に入れ替えるのも一手である。

また、父の日に日本酒を販売するのであれば、あえてお猪口を2つ用意して、送り主である子どもと親子で一緒にお酒が飲みかわせるようなセットにすれば、競合店舗とも差別化を図ることができる。

差別化や独自性をアピールする際に注意したいことは、**サムネイルの小さな写真でも"違い"がわかるようなリニューアルをおこなう**ことである。

たとえば、おせち料理の食材に、差別化と称して国産の蒲鉾を1つメニューに増やしたとしても、サムネイルの1枚の広告写真では違いをアピールすることが難しく、クリック率やアクセス数を増やすことには直結しない。そのようなわかりにくい改善をするのではなく、たとえば

・縁起の良い鯛を模した器のおせち料理にする
・スイーツだけで作った子ども専用のおせち料理にする

など、ひと目で違いがわかるような商品にリニューアルしなければ、特集広告での差別化にはならない。

ギフト広告はお客の信頼で勝ち取った「ご褒美」

　特集広告の中でも、母の日やお歳暮などのギフト品は、広告を見ていきなり購入する人もいれば、広告とは関係なく「この店舗は信頼できる」という理由で、自分のご贔屓のネットショップで購入するお客もいる。大切な人に手渡すものなので「絶対にハズレの商品をあげたくない」という事情があるため、自分が普段から利用しているネットショップの商品をプレゼントで渡すことは多いといえる。

　そのような事情を考慮すると、**普段から LINE やメルマガでお客とコミュニケーションを取っている店舗のほうが、ギフト品が売りやすい**立場にあることがわかる。つまり、ギフト品は、店舗がお客から信頼を勝ち取った"ご褒美"の商品であり、長い間お客に尽くしてきた結果から生まれる、高単価、高粗利の商品を販売するチャンスなのである。

　たとえば、レディースの衣料品を販売するネットショップであれば、敬老の日限定のギフト品のマフラーを販売してみるのも一手である。ファンはお店の品質は信頼しているし、自分の大好きな商品ブランドを人にも勧めたいという思いが強いため、高単価な商品でも買われる可能性は高いといえる。

　事前にファンに販売することに成功すれば、楽天サーチや楽天ランキングも一気に上がり、特集ページや楽天スーパー SALE と重なれば、さらに新規顧客を取り込んで、ギフト品の売上を伸ばすことができる。

初心者でもわかる
「RPP」で売上を伸ばす方法

楽天市場攻略に欠かせない「RPP」

　楽天市場の店舗が最も多く利用している広告がRPPである。出稿方法もかんたんで、運用コストも調整できることから、ネットショップ初心者でも利用しているところが多い。

　RPPは検索連動型の広告のため、転換率が高い商品ページを持つネットショップはより効率よく商品を販売することができる。また、リピート率の高い商品を持つネットショップは、見込み客を集めて、継続して商品を購入させる流れを作ることができる。特に楽天サーチや楽天ランキングで上位がキープできている店舗は、RPPを活用することで、売れる商品ページにさらにお客を呼び込むことが可能になるので、売上に加速をかけられるようになる。

　一方、商品点数が多い型番商品は、RPPに投資しても利益を確保できないケースが多い。そもそもRPPは、**除外商品として登録しない限り、全商品が掲載される**ため、商品画像やページを作り込んでいない商品ページや、レビューが少ない商品ページまでもが表示されてしまう。そのような売れないページのクリック数が増えてしまうと、どんどん予算が消化されてしまい、思うように売上が伸ばせなくなってしまう。

　RPPでは表示させるキーワードを指定することも可能だが、その場合はクリック単価が10円からではなく、40円からとなり、4倍のコストがかかるようになってしまう。競合店が多い検索キーワードの場合、入札単価が高すぎて、数時間で広告予算を消化してしまうことも多々あり、費用対効果が合わなくなってしまうケースが発生してしまう。

　そのような場合は、まずは広告を使わずに売上を伸ばすことに注力したほうがいい。そして、自力で売上が作れるようになってから、広告予算を決めて、RPPを出稿し始めるほうが、無駄な広告費を投資せずに、着実に売上

を作ることができるようになる。

なお、RPPをクリックしてもすぐには買われない高額商品もある。そのようなケースでは、楽天CPA広告も併用しながら、RPPが表示される場所以外にも広告を露出させて、常に「商品を買いたい」というスイッチを入れさせる施策を講じたほうが得策といえる。

ジャンル登録が違うと、広告も違うところに表示される

RPPは、登録した商品ページのジャンル内でしか表示されない広告である。つまり、ジャンル登録をまちがえてしまうと、狙ったターゲットとは違うところに広告が表示されてしまい、見込み客が効率よく集客できなくなってしまう。

たとえば、以下は「ビール」のジャンルに登録された、ビールの飲み比べセットのRPPの画像である。左の登録ジャンルを見ると、「ビール」が上位に表示されており、マーケットサイズが大きいことから、このジャンルでRPPを展開したネットショップ側の事情を理解することができる。

一方、その下段にある「飲み比べセット」のジャンルは、「ビール」よりも市場規模が小さいことが伺える。しかし、競合が少ないことから、ランキングでも上位を狙うことができるようになり、従来の「ビール」のジャンルに登録するよりもRPPで売れる可能性が高くなる。このように、RPPによる売上が芳しくない場合は、商品登録のジャンルを変更してみるのも一手といえる。

ライバルの店舗の中には、競合が少なくて、広告で上位に表示されやすいジャンルにあえて登録しているケースもある。RPPで出稿する前に、他店舗の広告出稿状況をチェックしてみることをおすすめする。

ジャンル登録を変更すると売上が伸びることもある

広告を運用するかしないかの判断は「必要な利益」で見極める

広告を出しても、利益を得るどころかマイナスになってしまうことも

　広告の運用で大事なのは、広告を使う意味があるのかどうかを見極めることである。

　たとえば、20万円の広告費を使って、100万円しか売れないとしよう。仮にこの商品の粗利が40％だった場合、粗利40万円、広告費20万円で、手元に残るのは20万円しかない。ここから楽天市場の利用料や人件費、家賃や光熱費などを支払えば、利益を得るどころかマイナスになってしまう。いずれキャッシュアウトしてしまうので、「広告を止める」という判断が生まれることになる。

広告費が利益を圧迫する

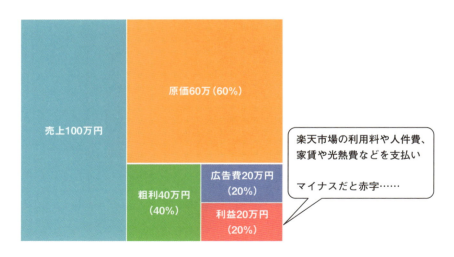

広告の運用で必要な指標「ROAS」とは

広告の運用にあたって目安とすべきなのが「ROAS（ロアス）」だ。ROASとはReturn On Advertising Spendの略語で、広告費の回収率を示す用語であり、次の公式によって数値が求められる。

ROAS（%）＝売上÷広告費×100

たとえば、以下の2つの広告運用の結果の場合、ROASは次のように導き出される。

▶ **A広告「10万円の広告費で、100万円の売上を作ることができた」**
売上100万円÷広告費10万円×100＝ ROAS1,000（%）

▶ **B広告「10万円の広告費で、50万円の売上を作ることができた」**
売上50万円÷広告費10万円×100＝ ROAS500（%）

ROASは、売上原価などを考慮し、

「何%以上のROASであれば黒字になるのか？」
「どの程度の利益を確保したいのか？」

をもとに計算し、高い数値を目指すことが基本になる。

たとえば、単価が5,000円で、売上原価が2,000円、利益3,000円のうち80%（2,400円）を確保したいとしよう。この場合、利益の残り20%（600円）まで広告費にかけられるので、

5,000円÷600円×100（%）=833.333…（%）

となり、ROASは833%以上は目指したいことになる。

ROASだけでなく、
売上に対しての広告費の割合もあわせて考える

　ただし、すべての売上が広告経由ではないため、ショップ全体の売上に対しての広告費の割合（広告比率）もあわせて考えることが必要である。

　たとえば、残したい営業利益を踏まえると、売上の10％は広告費として使える場合で考えてみる。この場合、先ほどのA広告はROAS1000％なので予算内で運用できていると判断できる。

　では、B広告はどうだろうか？　ROASは500％になるので、売上に対して20％の広告費を費やしているように見える。しかし、ショップ全体の売上が100万円であれば、B広告はRPP経由の売上が50万円、RPP広告費が10万円で、ROAS500％でも全体の売上に対する広告比率が10％となるため、問題ないと判断できる。

　ROASは、広告代理店にとって都合の良い用語であり、「ROAS200％でも十分ですよ！」と提案されたまま正しく理解せず、RPPを利用しているショップも多く存在する。しかし、売上に対して50％の広告費がかかっているような場合、赤字で商品を販売して届けていることになる。

　こうした事態を防ぐため、広告を運用する際は、ネットショップ全体のランニングコストを把握したうえで、必要な経費を差し引き、「ROASがどれぐらいなら利益が出るのか？」を理解したうえで、各商品それぞれのROASの数値を決めなくてはいけない。

効率的に広告を運用するためには

　目標とするROASを決めたら、**RPPの「キャンペーン設定」で最低クリック単価である10円の設定から始めてみよう**。無理して40円からの「キーワード設定」を出稿する必要はない。

　そして、「目標」の結果をもとに対応していく。

▶ 目標の ROAS が下回る（クリックされているが売上のない広告費だけかさむ）商品ページ

これらは、除外商品として登録する。

たとえば、ROAS300％を目標としていて、以下の画面で9行目と10行目の商品ページは ROAS が0なので、どちらも除外商品として登録しなければならない。

▶ ROAS が目標値を超える商品ページ

ROAS1500など目標値を大幅に超えている場合は、入札単価を10円から12円などに少しずつ上げることで、売上の増加も期待できる。

ROAS が目標を超えているページを伸ばすことが優先だが、そのうえで除外した商品ページも検索対策やクーポンを活用して販売実績とレビューを増やし転換率を上昇させることが期待できる場合は、除外登録を解除して、RPP に再度掲載する。

▶ キーワードの目安入札価格は実績で変わる

RPP で表示させたいキーワードを指定する場合、どれぐらいの入札価格にすれば上位表示されるか、**目安 CPC** という金額が表示される。この目安CPC は、売上やクリック率などの実績を見ているので、表示させたいキーワードで売れている商品なら目安 CPC が安くなり、そうでない場合は高く

RPP 除外

なる。

　目安 CPC は、商品が売れた場合や競合店舗が入札価格を変更した場合などにより、1 日に何回も変化する。

　キーワード入札が高い金額のままになっていないかは注意が必要だ。たとえば、目安 CPC が 200 円だったので 200 円で入札して、売れたので目安 CPC が 100 円まで下がっても、入札価格は自動的に下がらず 200 円のままになる。定期的に目安 CPC と自分が入札している価格をチェックしないと、無駄な広告費を払うことになってしまう。

　なお、EC マスターズでは、RPP を利用するショップが増えることを想定して、目標 ROAS に合わせて入札価格を自動で変更する RPP 自動運用ツール「RAT」を提供しており、RPP を効率的に運用することができる。RMS で提供されているパフォーマンスレポートをよりくわしく詳細に解析でき、あらかじめ決めたルールで入札単価の調整や除外商品の登録・解除などもできる。

RAT

ROASの数値はあくまで目安

ROASで導き出した数値は、あくまで"目安"だということも理解しておいたほうがいいだろう。ネット通販はシーズンによって売上のムラが出やすいビジネスモデルであり、次から次へと競合が参入して広告を出稿するので、ROASが常に変動しやすい環境にある。

また、**RPPは広告をクリックしてから30日以内にそのショップのすべての商品のうち1つでもお客が購入すれば、その広告経由で売れた実績としてカウントされる**ため、一概に「今、出稿している広告のおかげ」とは言い切れないところもある。

そもそも、RPPの要因だけで売れる可能性のほうが低い。SNSの口コミの影響で売れていることも考えられるし、楽天市場内SEOで商品を見つけた人が後日RPPを経由して購入していることも予想される。Googleのアルゴリズムが変わったり、インフルエンサーにROOMやYouTubeで紹介されなくなったことで売れなくなったり、さまざまな要素が"売上"には絡みやすい。

「この数字は正しくないかもしれない」ということを常に頭の隅に入れておきながら、定期的にROASの数字をチェックすることが、正しい広告投資の運用には必要だといえる。

クーポンアドバンス広告を活用する

RPPとクーポンアドバンス広告を比較すると

クーポンアドバンス広告は、本章の最初で紹介したように、検索結果の上部などに表示される広告枠のことである。検索結果と同じように表示されるRPPと異なり、画像も小さく、商品名も出ないため、クリックされにくい傾向がある。

しかし、2023年11月よりRPPの入札価格の上限が従来の1,000円から10,000円に引き上げられた影響で、一部のキーワードで入札単価が高騰している状況が続いている。そのため、RPPを活用しても、競合の入札価格が高すぎるために、広告が表示されない事態が一部で発生している。

一方、クーポンアドバンス広告は、**RPPほど入札価格が高騰していないため、安定した露出を図ることができる**。もし、狙ったキーワードでRPPが表示されない場合は、クーポンアドバンス広告を試してみるのも一手である。

クーポンアドバンス広告は「入札価格」と「クーポン割引率」の2つで効果が変わる

クーポンアドバンス広告は、商品ごと、もしくはキーワード指定で入札金額を設定することができる。また、クーポンの割引率も、キャンペーン単位、もしくは商品単位で設定することが可能である。入札金額を上げれば表示されやすくなり、クーポンの割引率を上げれば購入するお客を増やすことができるので、売上増を狙うことができる。

ただし、RPPと同様、クーポンアドバンス広告でも**キーワードの除外をおこなわなければROASが悪くなってしまう**ので注意が必要である。クーポンアドバンス広告の運用には以下の「自動商品選定」と「手動商品選定」の2種類があることは、念頭に入れておかなければいけない。

▶ 自動商品選定

店舗内のすべての商品が対象になり、表示させたくない商品は除外する、RPP と同じ運用方法。

▶ 手動商品選定

広告に表示させたい商品を個別に選ぶ運用の方法。

商品登録の頻度や、広告を使って売上を伸ばしたい商品など、店舗の状況に合わせて運用方法を切り替えると、最適化されてより良い結果を出すことができる。

ターゲティングディスプレイ広告で売れる店舗、売れない店舗

ブランド力やネームバリューのある商品向けの広告

　ターゲティングディスプレイ広告（TDA）は、楽天市場広告やRPPなどでは表示されないページ、たとえば購入履歴、閲覧履歴、ランキングなどのほか、設定によっては楽天市場以外の楽天カード、楽天レシピなど、外部の楽天グループメディアにも配信することができる。

　TDAは、広告の表示回数であるビューインプレッション（Vimp）に配信単価をかけ合わせて課金される。1表示あたり0.75円から10円と低単価の広告ではあるが、**バナー広告の50%以上が1秒以上表示された回数のみ課金される**ため、クリックされなくても広告費が消化されることになる。

　最近では楽天グループのメディアやGoogleなどの検索エンジンのほか、InstagramなどのSNSからアクセスしてくるユーザーも増えている。楽天市場への集客効果を高めるために、SNSを運営するMeta社のサイトやアプリなどに広告を配信する「ターゲティングディスプレイ広告 - エクスパンション（TDA - EXP）」もリリースされた。

　ブランド力のある商品や、低価格がウリの商品であれば、TDA-EXPやRPP-EXPを展開してみるのも一手である。一方、差別化が難しい商品や、特徴を理解してもらうのに時間がかかる商品の場合、この手の提案型の広告には不向きといえる。

広告は「自分だけにうまい話が転がってくる」ことは絶対にない

　先述した5つの広告のほかに、メール広告やジャンル広告などの細かい広告が楽天市場には存在している。これらは、PCのみで楽天市場が展開されている頃であれば販促パワーがあったが、スマホが主流になった今はこれらの広告枠で売上を伸ばすことが難しくなっている。しかし、「まったく売れ

ない」というものでもないので、商材の性質やタイミングなどを見極めたうえで「予算に余裕があるなら」という条件つきで購入してみるのがベターといえる。

また、ECCから割引価格で広告の提案があったり、無料広告をオマケでつけてくれたり、一定の金額を利用することでキャッシュバックされる広告もあったりするが、基本的には高い広告パフォーマンスを発揮するケースは稀だと思ったほうがいいだろう。

自分だけに儲け話が舞い込んでくることがないのと同じで、**「だれも知らないようなとっておきの広告が自分だけに回ってくることはない」**と思ったほうが、むしろ冷静に広告の品質や効果を判断できるようになる。

広告予算に余裕があるのであれば、そのような提案を受けてもいいが、割引されている広告は売れ残っている広告である可能性もあるので、慎重に購入の判断をしたほうがいいだろう。

第 **7** 章

ネットショップの 人と物流の新常識

順調に売上が伸び続けると、必ず壁にぶつかるのが「人」の問題である。一般企業の人件費が高騰しているのと同じで、Eコマースの人材の給与も上昇しており、中小企業のネットショップで正社員を採用することが難しくなっている。この章ではネットショップの人材採用の方法のほか、外注のスタッフの活用法や楽天の担当者であるECCとのつきあい方、ネットショップ運営のノウハウを学ぶ「ネーションズ」の考察など、「人」に関わるさまざまな問題にフォーカスして解説する。また、ネット通販の今後の課題となる物流問題についても対策と課題についてまとめているので一読してもらいたい。

人を増やす時代から、
人を減らす時代に

コロナ禍でEコマース人材の給与が高騰

　ネットショップの人手不足の問題が深刻化している。Eコマースの人材は給与が高い「IT業界」の部類に入るが、ビジネスモデルは「小売業」になるため、デジタル人材でありながら、高い給与を提示しにくい事情がある。

　求人をかけても、ほかの条件のいい大手IT企業に人材が取られてしまい、自社でスキルを高めた貴重なスタッフも、高い給与を求めてEコマース以外の業界に転職してしまう。結果、慢性的な人手不足に陥ってしまい、優秀な人材を確保できず、人手不足で頭を悩ませる経営者が多い業界になってしまっている。

　さらに、コロナ禍で企業のDX化が進み、ネット系の人材の確保が難しくなり、給与の高騰も重なって、ますます人材の確保が困難になってしまっている。働き方改革が進む中、商品ページ作りなどの手作業が多い楽天市場のネットショップは、労働時間が長くなってしまう傾向が強く、人手不足が成長の妨げになってしまっている店舗も少なくない。

　このような時代背景を考えると、楽天市場のネットショップは**「人を増やさない」という方向性で組織づくりを展開していく必要がある**。コロナ前までは、優秀な人材を確保して、売上とともに組織を大きくし、事業を拡大していくことがネットショップを成長させていくうえでの王道だった。しかし、コロナ後は遠隔地でもオンラインで仕事ができるようになり、ネットショップが固定費を払って人を雇うメリットがなくなってしまった。

　受注管理は在宅のスタッフに任せて、商品ページ作りはオンラインで打ち合わせをして納品。働き方改革で定時に帰れるようになった東京のEコマース企業の正社員は、帰宅後に副業でほかのネットショップの仕事をして、平均的なサラリーマンよりも高い給与を得られるようになった。

　ネットショップは、わざわざ自前の社員を雇わなくても、外注や副業のス

タッフを雇えば、売上を伸ばすことができる。場所を問わず仕事ができるビジネスなので、人を増やさない組織づくりは、ネットショップを運営するうえで最適といえる。

月商1,000万円までは1人でも運営できる？

取り扱う商品や単価にもよるが、外注やパートを活用すれば、月商1,000万円のネットショップまでは、経営者（店長）1人で運営できると思われる。

商品はRSL（楽天スーパーロジスティクス、楽天が提供している物流サービス）など外部の物流サービスから発送し、受注処理や顧客対応の一次対応を外注することで、仕入れや商品開発に専念することができるようになる。固定費になる人件費を変動費にして、利益を出しているネットショップの事例も増えている。

外注やパートを上手に活用するポイントは、自分自身のネットショップ運営に何が欠けているのか、客観的な視点で把握することである。その際に売上を伸ばすために必要な人材のポジションは、下記の公式を利用して整理すると、自ずと見えてくる。

売上＝集客力×接客力×商品力

「売上」に必要なものは、楽天市場内SEOや広告による「集客力」であり、商品ページでお客に納得してもらい買ってもらえるための「接客力」である。さらに、商品の性能や、楽天市場内でライバルの店舗に負けない「商品力」がかけ合わされることで、お客が商品を購入してくれるようになり、「売上」を伸ばしていく流れを作ることができる。

この公式をもとに、どこの業務が人手不足になっているのか、1つ1つ冷静に考察してみよう。

▶ 商品力

商品開発や仕入れは経営者がやらなくてはいけないが、検品や在庫の管理

はマニュアルを作れば正社員以外にも任せることができる。特に**受注管理に関しては、OMS（オーダーマネージメントシステム）と呼ばれる受注管理システムを導入すれば9割は自動処理で対処することが可能**なため、1日3〜5時間だけ働くパートやアルバイトでも業務をこなすことができる。

▶ 接客力

「接客力」は、商品ページの作り込みや問い合わせの対応が主になる。商品ページの制作は、「ランサーズ」や「ココナラ」などのマッチングサイトを探せば、スキルの高いフリーランスに仕事を依頼することができる。最初のうちは細かい打ち合わせや指示書の制作が必要ではあるが、慣れればかんたんな打ち合わせだけで、売れる商品ページを作ってもらえる関係性を構築することができる。

ただし、外注スタッフの仕事のクオリティは「安かろう、悪かろう」の世界なので、「安くて腕のいいウェブデザイナーと仕事をしよう」などと都合のいい考えは持たないほうがいい。あくまで**「報酬と仕事の質は比例する」**と理解して、可能な限り安い業者を探すのではなく、支払える報酬を決めてから、その中で最大限いい仕事をしてくれるフリーランスを見つけることにしたほうが、良い人材に巡り合える。

メールでの問い合わせは、在宅のスタッフに委託することが可能だ。電話対応も外注秘書に依頼すれば、必要な電話の問い合わせだけをメールやチャットで通知してくれるので、自分が電話に出なくても、効率よく業務を回すことができるようになる。

▶ 集客力

「集客力」だけは、自分自身が経験を積み重ねて、スキルを高めていかなくてはいけない。「集客のお手伝いをします」「楽天市場内SEOの支援をします」という営業メールが届くが、このようなネットショップの心臓部分ともいえる業務を外注に出してしまうと、肝心のノウハウが社内に蓄積されなくなってしまい、時代の変化についていけなくなってしまう。

集客に役立つマーケティングの調査ツールであれば利用する価値はある

が、集客のノウハウに関しては、自ら失敗を重ねながら学習していかなければ身につけられない。

デジタルに強いパート、アルバイト、インターン、フリーランスの雇用のコツ

パートやアルバイト、インターンの採用に関しては、いきなりデジタルスキルの高い人を採用するのではなく、**自分がやらなくてもいいような仕事を任せられる人材から採用していく**のがおすすめである。

よく「Word、Excel ができる人」と条件をつけて採用すると、「Word、Excel を知っている人」が応募してきて、仕事を任せることができなかったという、笑うに笑えない話を耳にすることがある。しかし、ネットのアシスト的な仕事は "勘" が良ければだれでもできる仕事だ。ひとまずは「かんたんなパソコンを使う作業」ぐらいのスキルにハードルを下げて、仕事勘のいいスタッフの採用に力を入れたほうが、戦力になる人材に巡り合う確率は高くなる。

また、パートやアルバイトの時給を抑えるのであれば、オンラインではなく、出勤してもらう形式で採用することも一考する価値がある。「会社から近い」という理由で、時給が安くても働いてくれる主婦やフリーターを採用することができるようになり、長期間働いてくれる優秀なスタッフを確保できるケースも少なくない。

学生のアルバイトやインターンを確保するために、あえて大学の近くにオフィスを構えるネットショップの事例もある。特に地方都市の場合、地元の国立大学に優秀な人材が集中しているケースが多く、優秀な学生を1人雇えば、あとは口コミで友だちを集めてきてくれることもあり、労せずにデジタルに強い若い人材を確保することができる。

また、仕事を依頼する側も、高いコミュニケーション力を有さなければ、外注のスタッフに質の高い仕事を任せることができないことも、理解しておいたほうがいいだろう。社員のように四六時中一緒に仕事をしているわけではないので、臨んだ業務を阿吽の呼吸ですべてやってくれるとは思わないほうがいい。丁寧できめ細かい指示書を作り、制作してほしいサンプルの事例

を渡して、仕上がりに関してはある程度妥協したうえで、外注スタッフに負担がかからない関係性を維持することが、質の高い仕事を長く続けてもらうポイントになる。

外注スタッフのアルバイトや学生インターンは、片手間で働いているとはいえ1人の人間なので、正社員と同じようにほめてあげて、気持ちを乗せてあげることも重要なコミュニケーション術の1つといえる。仮にオンラインで仕事をするだけの関係性であっても、定期的に直接会って、打ち合わせをすることでお互いの理解を深められるところもある。リアルなミーティングの機会を設けることも、質の高い仕事をしてもらうためのモチベーションアップの施策と考えたほうがいいだろう。

▍正社員はパートの延長線で採用するのがベター

売上がコンスタントに1,000万円を超え始めるようになったら、さらに売上を伸ばしてくれる正社員が必要になってくる。ただし、Eコマース業界は人材のマーケットが小さいために、優秀な人材を確保することが難しい業界である。一般職のように、ハローワークやインディードに求人広告を出しても、ハズレの人材を引き当ててしまう可能性が高く、経験者の採用でもほかのネットショップでドロップアウトした人材を採用してしまうリスクもあるため、おいそれと正社員を採用することが難しいところがある。

そのようなハイリスクな採用をするぐらいなら、**もともと雇用しているパートや学生インターンから、正社員に引き上げたほうが得策**といえる。能力や性格が担保されているため、小さな会社にとったらリスクの低い採用方法になる。

また、ネットショップのホームページやLINEのリッチメニューで求人をかけるのも一手である。競合店の社員がベンチマークとしてLINEやメルマガを読んでいる可能性が高く、タイミングが良ければ、良い条件で経験者を雇用することができる。

最近では、経営者が自らInstagramやXを運用し、定期的に自分の経営観やビジネスに対する考え方を発信して、求人を強化するネットショップも

ある。自分の考え方に共感するフォロワーが集まるので、そこに求人の案内を告知すると、同じような価値観の人が応募してきて、一緒に事業を成長させてくれる仲間になってもらえるかもしれない。

正社員の雇用で注意しなくてはいけないのは、「欲張りすぎない」ことである。月商1,000万円まで1人で売上を伸ばすと、「もっとラクをしたい」という思いが強くなり、自分の分身になるような人材を欲してしまう傾向がある。

「ネットに対する好奇心が旺盛で、外注スタッフの活用の経験があり、やる気があって、クリエイティブ能力が高く、時間を厳守してくれて、コミュニケーション能力の高い人」

このように、自分に都合のいい人物像を思い描いてしまい、求人の広告にもワガママな人材の条件を書き込むことで、だれ1人応募してこないという失敗事例は多い。

ネットショップは分業制でおこなわれる仕事のため、万能型な人材は少なく、商品ページの制作、マーケティング、商品開発など**仕事の内容によって個別に採用しなければ、求人が集まりにくい**と思ったほうがいいだろう。

また、基本的には1日中パソコンに向かい合って、1人で仕事をしていたい人が多い業界なので、本人に高度なコミュニケーション能力を求めてしまうことも、「ないものねだり」になってしまうので注意が必要である。

先述したように、ほかの業界よりも優秀な人材を確保することが難しい業界なので、ある程度の"妥協"は覚悟したうえで、採用戦略を展開したほうがいいだろう。

最悪なのは「素人の担当者」が実権を握ること

はじめて楽天市場のネットショップ運営をする企業が、絶対にやってはいけない人材配置が、Eコマース未経験の人を責任者に抜擢することである。さまざまな判断が求められるネットショップ運営において、「部長だから」

「ネットにくわしそうだから」「若いから」という抽象的な理由だけで責任者にしてしまうと、にわかな知識と思い込みでまちがった判断を繰り返し、Eコマースの事業そのものが早々にとん挫してしまうことになる。

　特に失敗事例として多いのが、経営者の右腕的な幹部社員が、ネットショップ運営を任されるケースである。経営者としては「こいつは頑張ってくれる」という根拠のない理由で抜擢し、任されたほうもイエスマンという事情で腹心のポジションに就いているだけの人材なので、永遠に売上が伸びないネットショップを運営することになる。

経営者自身が「売れる仕組み」を学ぶべき

　店舗運営の代行会社やコンサルタント会社などの支援会社に依頼して、楽天市場の店舗の売上を伸ばしたいのであれば、経営者自身も売れる仕組みを自ら学ぶ必要がある。ほかの事業と違い、ネットショップ運営はその時々で判断を迫られるシーンが多いため、経営者に最低限のネットショップ運営の知識や経験がなければ、第三者の力を借りても売上を伸ばすことは難しいといえる。

　だからといって、楽天市場の店舗運営を一から経営者に叩き込むのは至難の業である。経営者というのは、お金を出して面倒なことを解決したい人間なので、どうしても細かい業務は人に丸投げになってしまう習性がある。結果、売上を伸ばす過程の判断でことごとくミスを繰り返し、高額な代行運用費やコンサルティング費用を払ってもネットショップ運営の売上が伸びずに終わってしまうのである。

　もし、**経営者自身が「1からネットショップ運営を学ぶつもりはない」というのであれば、楽天市場の店舗運営には一切口を挟まない**ことである。経営者が中途半端な知識で口を出して、ネットショップ運営が右往左往する事例を、嫌というほど現場で目の当たりにしてきた。経営者が勝手に連れてきたコンサルタントに現場を引っ掻き回されたり、社長の指示で、運営代行会社に支払う手数料だけで赤字になっているネットショップを理由もなく運営し続けていたり、無知な社長がEコマース事業の成長の芽を摘み取ってい

るケースは山のようにある。

　経営者が本気でネット通販を学んで運営するのか。
　それとも、口を一切出さないのか。

　トップの対応のメリハリをつけることが、成長するネットショップを構築
するうえで重要なのである。

ウェブページ制作会社選びで失敗しないポイント

ネットショップにとって、売れる商品ページを制作することは必須である。社内にウェブデザイナーがいない場合は、腕のいい外注のウェブページ制作会社に仕事を依頼しなければいけない。

しかし、楽天市場のネットショップが、ウェブページ制作会社とトラブルになることは少なくない。想定していた商品ページとはまったく違うものが納品されたり、見積りよりも高額な料金を請求されたりして、困り顔で相談にくる人が後を絶たない。

ここでは、ウェブページ制作会社の選び方に失敗しないコツを紹介したい。

「やったことがあるか」を確認する

まず、ウェブページ制作会社の「できる」と「やったことがある」の違いを理解することである。

「こんな商品ページを作れますか?」と質問すると、ほとんどのウェブページ制作会社の担当者は「できる」と回答する。「できない」と答えると仕事がもらえなくなるので、制作したことがないタイプやクオリティの商品ページでも、「できるかもしれない」と思えば、仕事を引き受けてしまうのである。

しかし、実際は「できる」と「やったことがある」ではまったく違う次元の経験値の話になる。当然、完成した商品ページの仕上がりも別モノになる。

商品ページの制作を依頼する際は、**必ず過去に制作した商品ページを見せてもらい、そのクオリティを判断したうえで仕事を依頼する**べきである。まちがっても

「制作したことがないけど、できます」

「やったことがないけど、やってみます」

というウェブページ制作会社には依頼しないほうがいいだろう。

「どこの会社に依頼するか」よりも 「だれが担当になるか」が重要

商品ページは、法人組織であるウェブ制作会社に依頼すればクオリティの高いものができると思いがちだが、そうとも断言できない事情がある。最近は人手不足で、多くのウェブ制作会社が在宅の個人のウェブデザイナーに仕事を発注しており、大手のウェブページ制作会社でも、地方在住のフリーランスに制作を発注しているケースが少なくないのだ。そのため、マッチングサイトで見つけたフリーランスも、法人組織のウェブページ制作会社も、商品ページの仕上がりのクオリティがほぼ変わらないケースが増えている。

ただし、**個人事業主に依頼した場合、交渉の窓口からお金のやりとりまで、すべて個人を相手にしなくてはいけないため、トラブルに発展することが多々ある**。締切の期日を守ってくれなかったり、指摘したところを修正してくれなかったり、無責任なフリーランスもいるので、取引にストレスを抱えることも多い。

一方、法人の制作会社の場合、クライアントとウェブデザイナーの間に「プロデューサー」が入るケースが多い。プロデューサーは、自分たちが作りたい商品ページについてうまく言語化し、ウェブデザイナーに伝えてくれるので、コミュニケーション不足でトラブルになることも少ない。

最近では、大手のネットショップに勤めながら、副業でプロデューサーやウェブデザイナーをしている人もいるので、地方都市の企業でも、クオリティの高い商品ページを低価格で作れるケースが増えている。

「全額先払い」は慎重な判断を

人は、先にお金を手に入れてしまうと、仕事をさぼってしまう習性がある。これはウェブページ制作会社に限らず、すべてのサービス会社に言えること

である。最初の打ち合わせでは営業担当者がはりきって打ち合わせに参加してくれたものの、お金を振り込んだとたん、フットワークが鈍くなったり、融通がきかなくなったり、態度を急変させるウェブページ制作会社は思いのほか多い。

可能であれば、**事前に製作費の半分の料金を支払い、ウェブページが完成したら残り半分を支払う**方法のほうが、お互いに緊張感が保てて、クオリティの高い仕事ができるようになる。

複数のウェブページ制作会社と仕事をして、失敗を積み重ねなければ、依頼の仕方やコツがつかめないところがある。最後は担当者との相性やコミュニケーションの量が商品ページのクオリティと比例するところもあるので、自分たちの話をしっかり最後まで聞いてくれて、親身になって会社や商品のことを考えてくれるウェブページ制作会社と長くつきあうのが理想といえる。

楽天市場のECCと
ネーションズとのつきあい方

ECCに自分の店を「知ってもらうこと」が大事

　楽天市場のネットショップには、基本的に担当のECC（ECコンサルタント）が付くことになっている。このECCを頼りに楽天市場の情報を仕入れたり、広告を購入したりして、二人三脚で売上を伸ばすことが、楽天市場のサポート体制となる。

　しかし、ここで理解しなくてはいけないことは、多くのECCは大学を出てすぐにネットショップのサポートを任されている社員という点である。当然、ネットショップを運営した経験はないし、実践にもとづいたEコマース経験を有しているわけでもない。たとえるなら、車を運転したことがない教習所の教官のようなものといってもいい。

「うちのECCは、広告を売る時ぐらいにしか電話をしてこない」

　そう嘆くネットショップ運営者は多い。しかし、広告を売ることが彼らの成績につながることを考えれば、そのような営業電話をかけなくてはいけない彼らの苦しい立場も店舗側は理解する必要がある。

　そんなECCと上手につきあうポイントは、**ネットショップ側がECCに対してさまざまな情報を発信し、自分の店舗のことを理解してもらう**ことである。楽天市場に出店した動機や、自分たちの商品への思い、ネットショップに対する意気込み、粗利率や月に投資できる広告費の限度額など、少しでも会社や商品を理解してもらう努力がネットショップ側に求められる。

　ECCと適切な距離感を保つことができるようになれば、入手困難な広告を優先的に案内してくれるようになったり、大きな問題が発生した時に親身になって相談に乗ってくれたり、心強いパートナーとなってくれる可能性が高くなる。

第7章　ネットショップの人と物流の新常識

ネットショップがネットショップを教える「ネーションズ」に参加するべきか？

　楽天市場には、売上アップを目指す店舗向けに、「ネーションズ」という教育プログラムがある。楽天市場で実績を上げてきたネットショップが、これから楽天市場で売上を伸ばしていきたいネットショップに対して、楽天市場の運営方法や広告の使い方などのノウハウを教える仕組みで、おもに初心者の店舗の多くがこのプログラムに参加している。

　ネットショップの運営経験がない ECC からのレクチャーよりも、店舗運営の経験者が語るノウハウのほうがより実践的であり、同じ志の仲間が集まって刺激し合うことはネットショップ運営のモチベーションアップにもつながる。

　楽天市場は、昔からネットショップ同士の"仲間づくり"を得意としている。古くは2001年から始まった「虎の穴」という勉強会があり、郊外の宿

ネーションズの案内ページ

泊施設を2泊3日で貸し切り、合宿形式で楽天市場の社員と10 ～ 25店舗ほど
のネットショップの運営者が集まって、夜通しEコマースを勉強するイベ
ントとして定期的に開催されていた。

そこで集まった参加者たちは、他店の売上アップのノウハウが学べるだけ
ではなく、楽天市場の社員とも距離が縮められるので、その後の店舗運営や
広告の購入に対しても融通が利くようになる。また、仲間同士で結束を固め
るだけではなく、ライバル心にも火がつき、楽天市場の運営に全身全霊で取
り組むようになるので、売上を急激に伸ばす店舗が続出する。

ちなみに、私（竹内謙礼）も虎の穴の3期生で、あの時の勉強会で刺激を
受けたことが、のちの楽天市場のショップ・オブ・ザ・イヤーの獲得の原動
力になったことはまちがいない。

教える側も教わる側もメリット満載

「虎の穴」は2005年の21期まで開催されて、多くの優秀なネットショップ
を排出した。その後、形を変えながらネットショップ同士の勉強会は継続さ
れておこなわれていたが、2016年に突如として誕生したのが「ネーションズ」
という取り組みだった。当初は初心者向けのコースしかなかったが、2024
年11月現在は4種類のプログラムが用意されている。

▶ ①プレネーションズ

全店舗対象、楽天市場で売上を作るための基礎を学ぶプログラム（無料）。

▶ ②ネーションズベーシック

月商20万円を突破した店舗で、月商100万円を目指す初心者向けのプログ
ラム。

▶ ③ネーションズ

月商100 ～ 600万円のネットショップを対象に、月商の昨対比2倍を目指
すプログラム。

▶ ④ネーションズアドバンス

月商600 〜 1500万円を対象に経営課題に取り組む経営者向けのプログラム。

開催期間は4 〜 6ヶ月間。参加費用は、定められた売上を超えた分に対して数%の従量課金制が発生するだけなので、低予算でEコマースの勉強会に参加することができるのも魅力の1つである。少なくとも、生半可なコンサルタントやネットショップ運営代行業者に高い費用を払うよりは、コスパのいいスキルアップサービスといえる。

ネーションズは、学ぶ側にメリットがあるだけではなく、教える側にも大きなメリットがある。教えながら自分の運営してきたネットショップ運営の振り返りができるので、反省点や改善点を改めて検証することができる。また、自社商品以外のマーケティングを知る機会にもなるので、知らないジャンルの商品の売り方や、新商品の開発のアイデアを学習することもできる。

▎リーダーショップの取り扱う商品によって相性がある

ネーションズは、楽天市場としてもメリットの大きい取り組みといえる。ECCに託されていたネットショップへのノウハウの提供にショップを巻き込むことで、肩の荷はずいぶん軽くなったと思われる。また、教える側と教わる側で師弟関係が生まれて、店舗同士の結束が固まることで退店率を抑えることができるし、ノウハウを学んだネットショップが売上を伸ばしてくれるので、楽天市場の総流通額のアップにも貢献することになる。楽天市場においてもこれだけ画期的なサービスはないと思うし、ほかのモールでは絶対に真似することのできない、オリジナルの教育プログラムだといえる。

一方、ネーションズで教える側に回る**「リーダーショップ」には相性がある**ことも理解しておく必要がある。

リーダーショップは、当然ながら自分の販売してきた商品のノウハウしか有しておらず、その商品とネーションズに参加した店舗の取り扱う商品が必ずしも相性がいいとは限らない。低単価の商品をリピートして買わせる手法

と、高単価の商品を検索だけで売っていく手法とでは、マーケティングの考え方も商品ページの見せ方もまったく違う。教え方の引き出しが多くなければ、適切なアドバイスをすることは難しい。

　また、同じネットショップでも、運営者のキャラクターを全面に出したほうが売れる商品もあれば、運営者の個性を消して商品点数を増やしたほうが売上を伸ばしやすい商品もある。**「自分がこの方法でうまくいったから」というノウハウがほかのビジネスよりも応用しづらいのが、ネットショップ特有の難しさ**といえる。

　運営者の性格、商品の粗利率、会社の事情なども考慮しながら、最適な運営方法を見つけ出さなくてはいけないので、ネットショップ以外のコンサルティングの経験も必要となる。売り方が固定されるリアルのビジネスに比べて、デジタルのビジネスは何万通りも売り方が存在しているため、その中からベストな戦略を提案することは想像している以上に難儀だ。

　性格の相性や、参加したグループの雰囲気もあるので、だれでも参加すれば売上が伸ばせるサービスではないことも理解しておく必要がある。最終的にビジネスの現場で自己を成長させられるかどうかは、人と人との巡り合わせで決まるところがある。複数のネーションズに参加し、自分にあったスキルアップの場を見つけることが、学びの場の最適化につながっていくだろう。

楽天市場のネットショップの賢い配送会社の選び方

2024年7月から導入された「最強配送」ラベルの影響

　ドライバー不足と運送業界の働き方改革によって先行き不透明なEC業界の配送問題。毎年のように送料が値上がりし、送料が大きな負担になっている中小規模のネットショップも多い。すでに自社配送で対応することが難しいネットショップも増えており、外部の配送会社を利用するのが最近では主流になりつつある。

　この状況にさらに拍車をかけるのが、2024年7月から導入された「最強配送」ラベルである。楽天市場が設定する配送品質の基準を満たした商品に対して付与されるラベルで、楽天サーチの検索結果にも表示されることから、商品ページへの流入を高める施策になる可能性がある。さらに、2024年11月には名称が「最強翌日配送」と「翌日」を強調するネーミングになった。また、ラベルが付与されることによって、楽天サーチのSEOにも優位性が生まれると、楽天も新春カンファレンスなどで発言している。自社の配送体制では楽天市場が定める配送基準をクリアできないネットショップが、外部の配送会社に配送を委託する流れが今後も加速していくと思われる。

出荷量が多くなる前にRSLの活用を

　物流サービスはさまざまな会社が提供しているが、楽天市場のネットショップであれば、**RSL（楽天スーパーロジスティクス）の活用が最も有効**だと思われる。楽天サーチに影響を与える「最強配送」ラベルの認定基準をクリアしやすくなり、送料も安いことから、今後もRSLの利用店舗は増えることが予想される。

　出荷量が多くなる前の段階で、早々にRSLを利用することをおすすめする。「もう少し出荷量が増えてから」と思うネットショップも多いが、早め

「最強翌日配送」ラベル
（https://event.rakuten.co.jp/guide/saikyo-delivery/）

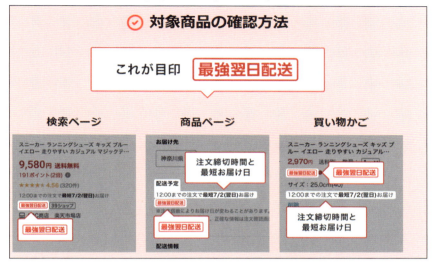

に外部の配送サービスの利用に慣れていたほうが、売上が伸びた時の対処もしやすくなり、配送スタッフ不足で売上拡大の機会損失を起こしてしまうリスクを最小限に留めることができる。よほど外箱のパッケージに凝ったり、個別にメッセージカードを添えたりするような特殊な出荷体制でなければ、楽天市場のネットショップは早々にRSLに荷物を預けたほうが得策といえる。

一方、2024年時点では、RSLはまだ冷凍、冷蔵便には対応ができていない。冷蔵、冷凍品の配送サービスは、倉庫の維持費用が通常の温度帯の商品に比べて3倍以上に跳ね上がるため、当分の間はRSLでおこなうことはないと予想している。

また、生菓子や総菜などは"作り立て"のほうが味の品質が高く、配送会社を経由するよりも直送のほうが高品質の商品をお客に届けることができる。レトルト食品や冷凍食品などの品質が落ちにくい商品であれば、冷蔵冷凍機能を備えた外部の物流会社を利用してもいいが、品質重視のネット

ショップであれば、自社物流の強化に力を入れていったほうが、顧客満足度を高めながら、同時に配送品質も維持できるといえる。

複数モールを運営する場合のRSLの対応方法

送料が安く、365日の配送に対応してくれるRSLは、まさに楽天市場の店舗の救世主といってもいいだろう。しかし、実際に運用するとなると、いくつかの問題を抱えることになる。

まずは、複数のモールと並行運用するケースである。現状、すべての出荷をRSL一択にしてしまうと、楽天市場内SEOには有利になるものの、Amazonも同様に物流サービスを利用するメリットを打ち出しているため、楽天市場以外のモールのSEOに不利が生じてしまうことになる。対処法としては、2パターンある。

1つは、**楽天市場の店舗の売上だけを重視して、ほかのモールの売上はそこまで重視しない**戦略である。配送は自社でおこなうか、もしくはRSLで配送して対応する。

もう1つは、**複数モールすべての売上を取りにいく**物流戦略である。楽天市場、Amazonのそれぞれが提供する物流サービスを利用し、満遍なくSEOで上位を取りにいく手法である。

自分たちのネットショップがどこのモールに比重を置いて売上を伸ばしていくかによって、物流の管理方法も大きく変わってくる。商品の性質、物流の体制、モール内のSEOの重要性などを考慮して、トータルで物流の管理方法を決断する必要がある。

RSLの保管料の高さをどうカバーするか?

RSLは、送料が安いものの、保管料が高いのがネックとなる。これはほかの物流会社にも言えることで、配送用の倉庫を賃貸で借りている物流会社は「在庫が回転しない＝稼げない」ということになるので、保管料をしっかり徴収しなければ、収益性の悪い配送業務を余儀なくされることになる。

しかし、商品を預けているネットショップ側にとっては、保管料が割高だと、ダイレクトに運営コストに跳ね返ってくる。保管料が高くなれば、配送倉庫の商品在庫を少なくする必要があり、そうなると在庫切れを起こしやすくなるリスクが高まるので、店舗側は自社倉庫からまめに商品を送らなければいけなくなる。結果、RSLへの配送料が増えてしまい、自社で出荷するのと送料負担が大きく変わらない場合も出てきてしまうのである。

　このような事態を回避するために、**在庫が動くものはRSLで管理し、それ以外の商品は保管料の安い配送会社、もしくは自社出荷で対応する**のが得策といえる。また、売上規模の大きいネットショップだと、"ハブ倉庫"と呼ばれる倉庫から効率よく物流会社に出荷する機能を持っている会社もあり、各社で創意工夫しながら保管料の軽減に力を入れている。

送料はどこまでコストダウンできるのか？

　送料が値上がりする中、企業努力で送料の削減に取り組むネットショップも多い。段ボール材の見直しを図ったり、緩衝材を安く仕入れたり、コスト削減に力を入れる企業もある。しかし、現状、梱包資材の費用を抑えても、せいぜい1〜2円が限界で、コスト削減のインパクトは乏しいといえる。

　本格的に送料を削減するのであれば、**配送物のサイズダウンが効果的**といえる。たとえば、従来は100サイズで送っていた商品を、60サイズにすることができれば、送料の大幅なコスト削減ができる。通販事業に力を入れている企業では、「この100サイズで配送している商品は、いかにして60サイズにすることができるのか？」と、配送を視野に入れながら商品開発を進める事例も少なくない。

　また、配送する商品や梱包資材を見直すよりも、**配送業務全体を改善したほうが、コスト削減のインパクトは大きい**といえる。たとえば、商品の仕入れの方法を簡略化して配送料を下げたり、受注管理のシステムを見直して、効率化を測ったりしたほうが、人件費の削減につながり、大幅なコストダウンを実現することが可能になる。

送料が爆上がりしたネット通販の未来とは？

　今後、送料は値上げする可能性はあっても、値下げする可能性はゼロに近いと思ったほうがいい。人件費とエネルギーの高騰で、数年以内にはさらに送料が値上がりし、RSLが提示している数百円台の送料が、10年後には1000円台に突入していることも予想される。

　はたして、ネットショップの未来はどうなるのか？

　ハッピーなストーリーとしては、今後、賃金が上がり、物価も上昇し、その流れで送料も値上がりすれば、仮に送料が1,000円の時代に突入したとしても、全体の物価が底上げされているので、大きな違和感なく、消費者が高額な送料を受け入れることになる。

　一方、バッドストーリーとしては、送料だけが極端に高額になってしまうケースである。賃金の上昇が頭打ちする中、エネルギーの高騰とドライバー不足が重なり、世の中の物価上昇スピードよりも送料の値上げのスピードが速まることになれば、Eコマース業界の成長がマイナスに振れていく事態にもなりかねない。

　そうなった場合、1,000円の送料を支払う価値のある商品だけがネット通販で利用されて、その価値に見合わない商品は買われなくなるのではないか。つまり、付加価値をつけられない商品を取り扱っている店舗や、お客に愛されていない店舗は淘汰されていくことになる。少なくとも、広告とセールに依存しているような薄利多売のネットショップに、送料が値上げされる未来は存在していないと思ったほうがいいだろう。

　最終的に、**ネットショップにとって送料は「誤差」と思ってつきあっていかなければ、本質的な問題は解決しない**。商品や店舗のブランディングや、ファンの囲い込みにひたすら力を注いだネットショップだけが、送料が高くても買われる店舗として生き残ると思われる。

おわりに

　私、清水将平は、楽天には4年しか在籍しておらず、社会人としてはじめて働いた会社の買収に携わり、また働くなど、刺激のあるサラリーマン生活を送っていた。しかし、いろいろな事情もあり、結婚と息子の誕生、住宅ローンを抱えながら、1人でECコンサルタントとして起業することになった。わずか20社程度しか支援できなかったところから、事業モデルを変えて、ひたすら全国でセミナーを開催し、2,600社（グループで5,000社）を支援できるまで会社を成長させることができた。しかし、どうしても解決できない問題が見つかった。

　ECマスターズクラブに入会してスキルアップし、ショップの売上を伸ばしても、給料が上がるとも限らず、別のネットショップに転職して、再入会される方。
　売れているネットショップで働いていたが、儲からなかったため、事業を閉鎖して、別の仕事をしている方。
　20年もショップを運営して高齢になり、後継者が見つからず困っている方。

　ネットショップで働いてスキルのある人材が世の中にたくさんいるのに、求めているスキルをもった人材を探す効率的な方法がない。
　若者にネットショップの魅力や可能性を十分に伝える場がない。
　自分のスキルを活かせる場があることを知らない。
　何年も運営している素晴らしいネットショップを引き継げることを知らない。

　弊社は、元会員で転職してきてくれた社員や在宅ワークでお手伝いしてくれる方などに恵まれているが、せっかくのECスキルを活かせていない方、そのスキルを求めているネットショップが多く存在するのではないだろうか。

そのような課題を解決したく、一般社団法人ECスキル認定協会を設立した。今後は、この団体を通じて、すでに楽天市場でネットショップを運営されている方だけではなく、これから楽天市場に出店しようと思っている方、楽天市場に出店しているお店をサポートしよう、引き継いでみようと思う方を集めて、日本のEコマースの課題を解決し、成長できるよう取り組んでいく。

　少しでも共感される方は、社団法人のサイトにアクセスして、会員として登録してもらえるとうれしい。そして、一緒に日本のEコマースの無限の可能性にチャレンジしていきたい。

一般社団法人ECスキル認定協会 JECSA
https://jecsa.org/

　また、書籍購入者限定の特典として、本書の理解度を確認できる無料のテスト、紹介した各サービスのリンク集、著者への質問ができるサポートページを用意した。ECマスターズ基本会員（無料）ログイン後のトップページに掲載しているメニューからご覧いただきたい。

https://rdr.jp/7YzvbRF

2025年2月
清水将平

竹内謙礼のメールマガジンのご案内

　ネットショップ運営のノウハウを毎週月曜日にメルマガで配信中。メルマガ登録特典として『楽天市場・Amazon・LINE・Googleビジネスプロフィールの登録、レビュー集めの同梱チラシ事例』『キャッチコピーの改善だけで、すぐに売上を伸ばす方法』などの無料レポートを入手することが可能です。

https://e-iroha.com/melmaga/mailmagazine2.htm

索引

数字
1688購入アシスタントプラグイン …… 55

C
CSV商品一括編集 …… 163

E
ECC …… 163, 183, 184, 201, 215
ECGO …… 118
EC-UP …… 100

I
Instagram …… 31, 138, 147, 166
item Robot …… 164

L
LINE …… 31, 122, 133, 136, 147, 157, 158, 159, 188
LINE通知メッセージ …… 123
LINEメッセージの送り方 …… 128, 130, 134
LSEG …… 132, 158

N
Nint …… 54

R
RaCoupon …… 116
Rakumart …… 55
RAT …… 196
R-Cabinet …… 43
R-Karte …… 50
RMS …… 38, 43, 46, 56, 58, 87, 103, 119, 184
ROAS …… 193, 194, 197, 198
ROOM …… 138, 147, 150, 197
RPP …… 89, 162, 178, 189, 190, 194, 197, 198
RPP-EXP …… 180, 200
RSL …… 205, 220, 222
R-SNS …… 123, 136

S
SKU …… 71, 106, 107, 158

SKUの画像 …… 76
SMS …… 142
SNS …… 31, 138, 147, 150, 166, 197

T
TDA …… 179, 200
TDA-EXP …… 180, 200
TTPS …… 31

Y
YouTube …… 138, 147, 197

あ
アップロード予約 …… 164
アフィリエイト …… 147, 149, 151, 152
粗利率 …… 23

い
イベント …… 158, 165, 167, 168, 183
入口商品 …… 156, 158

う
ウェブページ制作会社選び …… 212
運用型クーポン広告 …… 179

お
オウンドメディア …… 151
お買い物マラソン …… 112, 115, 120, 133, 139, 156, 157, 159, 165, 180

か
価格 …… 186
画像判定ツール …… 103
カテゴリページ …… 45, 47

き
キーワード …… 84, 87, 91, 95, 100, 195, 198
ギフト …… 23, 66, 100, 109, 165, 166, 167, 186, 188
客単価 …… 64, 116
キャッチコピー …… 92, 97, 146, 185

キャンペーン設定 ······· 194
共通バナー（大・小）を予約管理 ····· 121

く

クーポン ······· 112, 114, 116, 119, 125, 137, 147, 157, 158, 186
クーポンアドバンス ······· 113
クーポンアドバンス広告 ······· 179, 198
クーポンの利用料 ······· 113
クーポンのリンク先をカスタマイズ ··· 117
組み合わせ販売設定機能 ······· 64

け

検索キーワード ······· 39, 74
検索スコア ······· 74
検索連動型広告→RPP
検索連動型広告 - エクスパンション ··· 180
検索ロジックの評価軸および楽天市場における検索SEOの考え方 ······· 87

こ

高価格帯 ······· 159
高額商品 ······· 137, 138
効果保証型広告 ······· 180
広告 ······· 86, 88, 162, 176, 178, 179, 180, 183, 184, 188, 189, 192, 197, 200
広告の運用 ······· 193
広告費 ······· 21
広告文 ······· 185
告知 ······· 119
個人事業主 ······· 25
コンテンツページ ······· 46, 47

さ

サービスクーポン ······· 113
最強配送 ······· 220
在庫を現金化 ······· 162
採用 ······· 207, 208
サジェストキーワード ······· 51, 94, 102
サブジャンル ······· 56
サブドメイン ······· 47

サムネイル ······· 185, 187
サンキュークーポン ······· 113, 114, 158

し

資格 ······· 25
事前審査 ······· 25, 26
写真の背景 ······· 104
ジャンル ······· 51, 81, 87, 190
出店審査 ······· 24
出店プラン ······· 28
松竹梅の法則 ······· 65, 186
商品画像 ······· 103, 106, 107
商品画像登録ガイドライン ······· 77, 103
商品画像判定レポート ······· 104
商品説明文 ······· 92, 100
商品ページ ······· 45, 59, 61, 84, 146, 158, 161, 176, 186
商品名 ······· 91, 92, 95, 96, 158
商品名登録ガイドライン ······· 85, 96
ショップ・オブ・ザ・マンス ······· 58
ショップクーポン ······· 112, 113, 114, 117
シングルSKU ······· 71
新店舗トップページ ······· 46
シンボルマーク ······· 43

せ・そ

セマンティック検索 ······· 42
送料 ······· 186, 220, 222, 223, 224
送料無料ライン ······· 116

た

ターゲティング画像 ······· 48
ターゲティングディスプレイ広告 ······· 179, 200
ターゲティングディスプレイ広告 - エクスパンション ······· 180, 200
タイトルタグ ······· 84
大バナー ······· 119
代表取締役の移行 ······· 25

ち

中国輸入 54
チラシ 77, 128, 158

て

定期購入 172
適格請求書発行事業者の登録 25
店舗原資クーポン 112, 113
店舗トップページ 45
店舗分析 56
店舗名 36, 38, 40, 41, 42, 158

と

動画 107, 147, 150
特集広告 183, 184, 185, 188

な行

悩みごと解決型の商品ページ 62
二重価格・割引表示に関するガイドライン 102
ネーションズ 216

は

バナー 158
早割 102, 186
バラエティクーポン 112, 113, 115, 117
頒布会 172

ひ

人手不足 204
非リピート商品 136, 138, 159

ふ・ほ

ファン 165
複数出店 27
ブラックフライデー 157
ブランド品の取り扱い 26
法人 25

ま行

まとめ買い 114, 158

マルチ SKU 64, 71, 73
メルマガ ... 31, 122, 133, 139, 140, 141, 147, 159, 188

よ

予約販売 109

ら

楽天 CPA 広告 180, 190
楽天アフィリエイト 149, 152
楽天市場広告 177, 183, 184
楽天市場内 SEO 80, 83, 86, 88, 89, 103, 197, 222
楽天スーパー DEAL 170, 171
楽天スーパー SALE 112, 114, 115, 120, 133, 139, 156, 157, 160, 162, 163, 165, 168, 180, 188
らくらくーぽん 69, 146, 158
ランキング 53, 161
ランニングコスト 21, 22

り・れ

流入分析 39, 46
レスポンシブデザイン 46
レビュー 27, 67, 68, 87, 114, 143, 144, 145, 146, 158, 162, 187

ろ

ロゴ 43, 105
ロゴタイプ 43
ロングテール 30

わ

ワンダフルデー 112, 113

清水将平（しみず しょうへい）

日本 EC サービス株式会社 代表取締役社長。
株式会社 ECX グループ 代表取締役社長。
1975年生まれ。関西大学卒業後、株式会社ドリーム・トレイン・インターネット（DTI）にてサポート部門の責任者を務め、各専門誌でサポート満足度 No.1 を獲得。2003年に楽天株式会社に入社し、EC コンサルタントや多数の部署を兼務し、最大600店舗を担当。店舗のセキュリティ対策、受注・カード決済の API 化、アフィリエイト推進、社員食堂など数々の事業に携わる。2007年からフリービット株式会社の CEO 室、子会社 DTI の営業部マネージャーを経て、2010年に独立。ネットショップの会員制サービス「EC マスターズ」を設立。2023年11月に、グリニッジ株式会社と経営統合し、ECX グループとして、楽天ショップ・オブ・ザ・イヤー2024受賞ショップの約50％ 58社を含む、5,000社以上にサービスを提供。
一般社団法人 EC スキル認定協会（JECSA）代表理事も務める。
メディア出演実績多数。
【ホームページ】https://ec-masters.co.jp

竹内謙礼（たけうち けんれい）

有限会社いろは 代表取締役。
1970年生まれ。城西大学経済学部卒業後、出版社、観光施設の企画広報担当を経て、2004年に経営コンサルタントとして独立。楽天市場において2年連続ショップ・オブ・ザ・イヤーを受賞したほか、ネットビジネスの受賞歴あり。ネットショップ運営を中心にしたコンサルティングに精通しており、個人事業主のネットショップ運営から大企業のネット通販事業まで、幅広くノウハウを提供している。現在、低価格の会員制コンサルティング「タケウチ商売繁盛研究会」の主宰として、120社近い企業に指導。日経 MJ において、中小企業の成功ノウハウを紹介する「竹内謙礼の顧客をキャッチ」を毎週月曜日、10年間、600回以上執筆中。
著書は『ネットショップ運営 攻略大全』『SDGs アイデア大全』『ホームページの値段が「130万円」と言われたんですが、これって相場でしょうか？』（技術評論社）、『売り上げがドカンとあがるキャッチコピーの作り方』（日本経済新聞社）、『会計天国』（PHP 研究所）ほか60冊以上。
【ホームページ】https://e-iroha.com/

■お問い合わせについて

本書に関するご質問は、Web サイトの質問用フォームでお願いいたします。電話でのお問い合わせにはお答えできません。ご質問の際には以下を明記してください。

・書籍名
・該当ページ
・返信先（メールアドレス）

お送りいただいたご質問には、できる限り迅速にお答えするよう努力しておりますが、お時間をいただくこともございます。
なお、ご質問は本書に記載されている内容に関するもののみとさせていただきます。

■問い合わせ先

「楽天市場 最強攻略ガイド」係
https://gihyo.jp/book/2025/978-4-297-14798-3

楽天市場 最強攻略ガイド
～売れるネットショップの新常識、EC の達人が教えます～

2025年 5 月 6 日　初版　第1刷発行
2025年 5 月31日　初版　第2刷発行

著者	清水 将平、竹内謙礼
発行者	片岡巌
発行所	株式会社技術評論社
	東京都新宿区市谷左内町21-13
	電話　03-3513-6150　販売促進部
	03-3513-6185　書籍編集部
印刷・製本	日経印刷株式会社

ブックデザイン
二ノ宮匡（nixinc）

DTP／作図
SeaGrape

編集協力
佐藤英介（株式会社アルド）

編集
傳 智之

定価はカバーに表示してあります。
製品の一部または全部を著作権法の定める範囲を超え、無断で複写、複製、転載、テープ化、ファイルに落とすことを禁じます。
造本には細心の注意を払っておりますが、万一、乱丁（ページの乱れ）や落丁（ページの抜け）がございましたら、小社販売促進部までお送りください。送料小社負担にてお取り替えいたします。

©2025　日本 EC サービス株式会社、有限会社いろは
ISBN978-4-297-14798-3　C3055
Printed in Japan